비타민과 미네랄에 대한 모든 것

비타민과 미네랄에 대한 모든 것

발행일	2022년 3월 31일

지은이	차가성		
펴낸이	손형국		
펴낸곳	(주)북랩		
편집인	선일영	편집	정두철, 배진용, 김현아, 박준, 장하영
디자인	이현수, 김민하, 허지혜, 안유경	제작	박기성, 황동현, 구성우, 권태련
마케팅	김회란, 박진관		
출판등록	2004. 12. 1(제2012-000051호)		
주소	서울특별시 금천구 가산디지털 1로 168, 우림라이온스밸리 B동 B113~114호, C동 B101호		
홈페이지	www.book.co.kr		
전화번호	(02)2026-5777	팩스	(02)2026-5747

ISBN	979-11-6836-247-5 03590 (종이책)	979-11-6836-248-2 05590 (전자책)

(주)북랩 성공출판의 파트너

북랩 홈페이지와 패밀리 사이트에서 다양한 출판 솔루션을 만나 보세요!

홈페이지 book.co.kr • **블로그** blog.naver.com/essaybook • **출판문의** book@book.co.kr

작가 연락처 문의 ▸ ask.book.co.kr

작가 연락처는 개인정보이므로 북랩에서 알려드릴 수 없습니다.

건강을 유지하고 싶다면 반드시 섭취해야 할 영양소

비타민과 미네랄에 대한 모든 것

차가성 지음

북랩

머리글

|

18세기부터 시작된 산업혁명의 결과로 인류는 엄청난 기술적 발전을 하였다. 이는 그동안 신과 종교를 중심으로 이루어진 인류의 사고방식을 인간 중심의 과학적 사고방식으로 변경하는 계기가 되었다. 신이 모든 것을 창조했다는 믿음은 생명 기원론과 진화론에 따라 부정되었고, 지구를 중심으로 모든 천체가 움직인다는 천동설(天動說)은 태양을 중심으로 지구를 비롯한 모든 행성이 돈다는 지동설(地動說)로 대체되었다.

19세기와 20세기를 거치면서 약 200년간 이룩한 과학적 발전과 지식의 축적은 인류가 지구상에 출현한 이래 20만 년 동안에 이룩한 것을 초월할 정도였다. 사람들은 과학적 성과에 우쭐하였으며, 과학이 신의 영역을 대체할 수 있다고 믿었다. 그러나 최근에 과학자들은 겸손해지기 시작하였으며, 우리가 알고 있는 것보다 모르는 것이 더 많다는 것을 받아들이게 되었다.

지동설을 주장하던 천문학자들은 모든 우주가 태양을 중심으로 움직이는 것이 아님을 알게 되었고, 태양 역시 은하계에 속하는 3,000억~5,000억 개로 추정되는 수많은 항성(恒星) 중의 하나에 불과하다는 것을 알게 되었다. 그리고 우주에는 우리의 은하계와 같은 은하의 수가 약 2조 개나 될 것으로 추정되고 있다. 이처럼 거대한 우주 속에서 지구라는 행성은 조그만 티끌 만도 못하다는 것을 알게 되면 겸손해지지 않을 수 없을 것이다.

옛날 동양철학에서는 화(火), 수(水), 목(木), 금(金), 토(土) 5행(行)의 변화로 우주를 설명하였다. 그리고 서양의 고대인들은 우주의 기본을 이루는 물질이 공기(air), 물(water), 불(fire), 흙(earth) 등의 4대 원소(四大元素)라고 믿었다. 이런 인식을 바탕으로 값싼 철이나 납과 같은 금속을 비싼 금으로 바꾸려고 하는 연금술이 성행하기도 하였다.

기원전 460년경 그리스의 철학자 데모크리토스(Democretus)는 모든 물질은 원자(原子, atom)로 구성되어 있다는 원자론을 제창하였다. 'atom'은 고대 그리스어로 '더 이상 쪼갤 수 없는'이라는 의미의 '아토모스(atomos)'에서 온 말로 '더 이상 쪼갤 수 없는 물질'이라는 의미이다.

그러나 원자물리학이 발전하면서 원자는 핵(核, nucleus)을 이루는 양성자(proton)와 중성자(neutron) 그리고 그 주위에 분포된 전자(electron)들로 이루어져 있다는 것을 알게 되었고, 원자는 더 이상 쪼갤 수 없는 물질이 아니게 되었다.

분석 기술이 더욱 발전하면서 원자를 구성하고 있는 약 300개의 소립자(素粒子, elementary particle)가 발견되었다. 과학이 발달하고 우리의 지식이 깊어짐에 따라 과학자들은 예전처럼 자신 있고 단정적인 표현을 사용하는 것을 주저하게 되었다.

이것은 의학이나 영양학의 분야에서도 마찬가지이다. 20세기에 이루어낸 연구 성과는 과학자들을 흥분시켰고, 머지않은 장래에 인류는 여러 질병으로부터 자유로워지고 건강한 영양 상태를 유지할 수 있을 것이라 믿었다.

그러나 오늘날까지도 암을 비롯한 몇몇 질병은 극복하지 못하였으며, 원인도 모르고 치료 방법도 알 수 없는 희귀 질환이 계속 발견되고 있다. 현재도 진행되고 있는 코로나바이러스감염증(COVID-19) 때문에 세계적으로 600만 명이 넘는 사람이 사망하였다.

우리나라에서 비타민과 미네랄이 포함된 종합영양제는 가장 인기 있으며 꾸준히 판매되고 있는 건강기능식품이다. 비타민과 미네랄은 모든 영양소의 핵심이 되어 있으며, 건강을 지키는 파수꾼으로 인식되고 있다. 이러한 상식의 바탕에는 비타민과 미네랄에 관한 초기의 연구 성과에 근거한 주장들이 있다.

이 책은 비타민과 미네랄에 대한 객관적인 정보를 제공함으로써 독자들의 올바른 식생활에 도움이 되길 바라며 저술하였다.

허가성

차례

Vitamins and Minerals

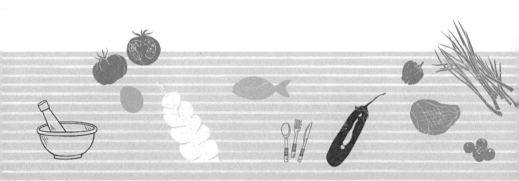

01
영양소

영양소(營養素, nutrient)란 인체를 구성하는 성분으로 사용되거나 살아가는 데 필요한 에너지를 제공하거나 또는 인체 내에서 일어나는 여러 생리기능을 조절하는 물질을 말한다. 오늘날에는 탄수화물(carbohydrate), 지질(lipid), 단백질(protein), 비타민(vitamin), 무기질(mineral), 물(water) 등 6종류를 영양소라 부르고 있다.

이 중에서 상대적으로 많은 양이 필요한 탄수화물, 지질, 단백질, 물 등의 영양소에 비해 비타민과 미네랄은 아주 소량만 있으면 되지만 없어서는 안 되는 꼭 필요한 영양소이다. 비타민과 미네랄은 에너지를 제공하지는 못하지만, 인체의 구성성분이 되거나 에너지 대사와 생리기능 조절의 역할을 한다.

음식과 영양소에 대한 역사는 사냥과 수렵으로 생존하던 시대까지 거슬러 올라간다. 영양소에 대한 개념은 없었으나 사람들은 살아남기 위해 먹어야 한다는 것을 알았으며, 먹어도 좋은 음식과 질병이나 사망을 초래할 수 있는 음식을 시행착오를 겪으며 구분했다.

과거에는 음식의 화학적 본질에 대한 이해가 없었으며, 살아가는 데 힘이 되는 영양 성분, 약효 성분 및 독소로 구성된 것으로 여겼다. 영양을 공급하는 것은 영양물(營養物, aliment)이라고 불리는 것이 음식에 포함되어 있다고 믿었다. 음식에 단순히 영양물만 있다는 믿음은 18세기까지도 지속되었다.

17세기에서 18세기 초까지 야금(冶金), 화학 등에서 나타나는 여러 가지의 연소 현상을 설명하기 위해 연소설(燃素說, phlogiston theory)이 널리 퍼져있었다. 플로지스톤(phlogiston)이란 고대 그리스어로 '불꽃'을 의미하는 '플록스(phlóx)'에서 유래된 말로 가연성이 있는 물질이나 금속에 포함된 가상의 물질을 의미한다.

연소설에서는 가연성 물질이 타게 되면 플로지스톤이 빠져나가게 되며, 그로 인해 물질의 질량이 감소하게 된다고 설명하였다. 플로지스톤이 모두 빠져나가게 되면 연소(燃燒, combustion) 과정이 끝나며 다시 연소하지 않는다고 한다. 18세기 전에는 음식의 구성 또는 신체가 그것을 처리하는 방법에 대한 과학적 조사가 거의 없었다.

연소설은 '현대 화학의 아버지(Father of Modern Chemistry)'라고 불리는 프랑스의 화학자 앙투안 로랑 라부아지에(Antoine Laurent Lavoisier)의 실험으로 깨어지게 되었다. 그는 1780년 얼음열량계(ice-calorimeter)라는 장치를 개발하고, 호흡이란 본질적으로 흡입된 산소를 이용한 유기물질의 느린 연소이며, 그 결과로 이산화탄소와 물이 생산된다고 주장하였다.

라부아지에의 주장은 그 후 여러 과학자에 의해 입증되었고, 이런 연소는 폐뿐만 아니라 인체의 모든 조직에서 발생한다는 것도 알게 되었다. 이것은 신체가 기능하기 위해서는 에너지가 필요하고, 음식의 중요한 기능이 이를 공급하는 것이라는 사실을 깨닫게 하는 이론적 토대를 마련하게 하였다.

그 후 분석 장치도 개선되고, 여러 과학자에 의해 음식과 열량에 대한 실험이 있었다. 그 결과 1800년대 초에는 탄소, 질소, 수소 및 산소가 식품의 주요 성분으로 인식되었고, 열량을 내기 위한 기본 물질로서 음식의 탄소 함유 성분에 대한 필요성이 인정되었다.

각 음식이 서로 다른 열량을 제공한다는 사실도 측정되었으며, 여러 종류의 음식에서 열량을 제공하는 물질로 단백질, 지방, 탄수화물이 관찰되었다. 미국의 화학자 윌버 올린 애트워터(Wilbur Olin Atwater)는 1890년대에 처음으로 '칼로리(calorie)'라는 단어를 음식의 열량 단위로 채택했다.

음식이 단순히 열량만 제공하는 것이 아니라는 사실은 1816년 프랑스의 생리학자 프랑수아 마장디(François Magendie)가 밝혀냈다. 마장디는 실험을 통하여 탄수화물이나 지방만을 먹인 개는 체단백질과 체중의 감소가 있었으며, 단백질이 함유된 사료를 먹인 개는 건강한 상태를 유지하였음을 확인하고, 단백질이 특정 필수성분이라고 주장하였다.

그 후 여러 과학자에 의해 영양소의 필요성에 관한 연구가 계속

됨에 따라 19세기 중반까지 단백질, 탄수화물, 지질 외에 적어도 6개의 원소(칼슘, 인, 나트륨, 칼륨, 염소, 철)는 고등동물에게 필수적인 물질임이 밝혀졌다. 19세기 말까지도 탄수화물, 지질, 단백질과 몇 가지 원소가 영양상 적합한 식단을 짜는 유일한 원리라는 믿음이 지속되었다.

질병의 원인으로 독소, 유전적 특징 및 감염만 고려하였으며, 아직 영양소가 원인이라는 인식은 없었다. 그러나 과학자들은 차츰 음식이 건강과 질병에 어떤 역할을 한다는 것을 깨닫기 시작했으며, 1870년대 일본의 의사 다카키 가네히로(高木 兼寬, たかき かねひろ)는 전염병으로 여기던 각기병(脚氣病)이 영양실조에서 비롯된다고 주장하였다.

제1차 세계대전(1914년~1918년) 이전까지도 영양소의 중요성은 크게 인식되지 않았다. 그러나 전쟁은 식량부족을 가져왔고, 안전한 식량은 전쟁을 치르는 군인들에게 생존의 문제였으며, 특히 질병에 시달리는 부상자들에게 적절한 영양소의 공급은 매우 중요했다. 이에 따라 영양소의 역할에 대한 인식이 높아졌으며, 국가 차원에서 연구가 진행되었다.

20세기 초 전 세계의 과학자들은 구루병(佝僂病)과 괴혈병(壞血病)을 포함한 기타 질병과 영양결핍 사이의 연관성을 탐구하기 시작했다. 탄수화물, 지질, 단백질만으로는 질병과의 관련성을 설명할 수 없게 되었고, 음식 속의 또 다른 존재를 의심하기 시작했으며, 이것이 비타민과 미네랄의 발견으로 이어지게 되었다.

우리나라에서는 1962년에 국제연합식량농업기구(FAO) 한국협회가 주관이 되어 영양학자, 생화학자, 임상의 등이 모여 처음으로 〈한국인 영양권장량〉을 제정하였다. 당시에는 '보릿고개'라는 말이 유행할 정도로 충분한 영양을 섭취하지 못하던 시절이었으므로 기초 체력의 향상을 위해 필요한 영양권장량만을 제시하였었다.

그 후 경제 성장에 따라 식생활도 개선되었고, 영양 부족보다는 비만과 만성 질환의 위험이 증가하였으며, 영양 보충제 복용으로 인한 영양소의 과다 섭취에 대한 우려가 커졌다. 이에 따라 한국영양학회에서는 2005년에 종전의 〈한국인 영양권장량〉 대신 〈한국인 영양 섭취기준〉을 발표하였다.

〈한국인 영양권장량〉은 영양 섭취 부족이 주요 관심사였다면 〈한국인 영양 섭취기준〉에서는 건강을 최적 상태로 유지하는 것에 목표를 두었다. 이에 따라 〈한국인 영양 섭취기준〉에서는 평균필요량, 권장섭취량, 충분섭취량, 상한섭취량 등 4가지 기준을 제시하고 있으며, 새로운 연구 결과가 나오면 그것을 반영하여 5년마다 기준을 개정하였다.

평균필요량은 대상 집단의 필요량 분포치 중앙값에서 산출하며, 건강한 사람들의 절반에 해당하는 사람들의 일일 필요량을 충족시키는 값이다. 권장섭취량은 평균필요량에 표준편차의 2배를 더하여 정한다. 그러나 평균필요량 표준편차에 대한 충분한 자료가 없어 통계적 처리가 불가능한 경우는 97~98%에 해당하는 사람의 필요량을 권장섭취량으로 하였다.

충분섭취량은 영양소 필요량에 대한 정확한 자료가 부족하거나 필요량의 중앙값과 표준편차를 구하기 어려운 경우에 주로 역학조사에서 관찰된 건강한 사람들의 영양소 섭취수준을 기준으로 정한다. 따라서 필요량에 대한 충분한 자료가 있으면 평균필요량과 섭취권장량을 정하며, 이런 자료가 충분하지 못할 때는 충분섭취량으로 제시한다.

상한섭취량은 과잉 섭취에 의한 부작용을 예방하기 위해 제시되는 것이며, 해당 집단의 대다수 구성원에게 건강에 유해영향이 나타나지 않는 최대 영양소 섭취수준을 의미한다. 따라서 과량 섭취 시 건강에 악영향의 위험이 있다는 자료가 있는 경우에만 설정이 가능하다.

2015년부터는 '국민영양관리법'에 근거하여 보건복지부에서 한국영양학회의 도움을 받아 〈한국인 영양소 섭취기준〉을 설정하여 발표하고 있다. 역시 5년마다 기준을 개정하고 있으며, 2020년에 1차 개정이 이루어졌다. 이하 이 책에서 인용하는 〈한국인 영양소 섭취기준〉은 2020년에 개정된 내용을 기준으로 하였다.

비타민

  오늘날에는 영양소라 하면 제일 먼저 떠올리는 것이 비타민이며 비타민을 모르는 사람이 없을 정도로 상식처럼 되었으나, 20세기 초까지만 하여도 비타민의 존재는 알려지지 않았다. 비타민의 발견은 과학자들뿐만 아니라 일반인에게도 영양소의 중요성을 일깨우는 계기가 되었다.

  비타민의 일반적인 정의는 "생명 유지를 위하여 미량(微量)이지만 반드시 필요한 물질로서, 체내에서는 만들 수 없어 외부로부터 섭취하여야만 하는 유기화합물(有機化合物)"이다. 비타민의 역할이 밝혀짐으로써 탄수화물, 단백질, 지질 등 3대 영양소에 이어 4번째 영양소로 인정받게 되었다.

  탄수화물, 단백질, 지질 등은 하루 필요량이 몇십 그램(g) 수준이지만, 비타민은 수 밀리그램(㎎) 혹은 수 마이크로그램(㎍) 정도의 미량이면 충분하다. 비타민은 유기화합물이란 점에서 무기물인 미네랄과 구분된다. 호르몬(hormone)도 우리 몸의 각 기능을 정상적인 상태로 유지해 주는 기능을 하지만 체내에서 생성된다는 점이 비타민과 다르다.

비타민은 그 자체로는 에너지를 제공하지 않지만, 탄수화물, 단백질, 지질이 에너지로 전환되는 과정에 작용한다. 에너지대사뿐만 아니라 세포분열, 시력, 성장, 상처의 치료, 혈액 응고 등과 같은 여러 가지 과정에 참여하기 때문에 비타민의 섭취가 부족하면 신체의 건강과 활력이 유지되지 않으며, 또한 정상적인 성장도 이루어지지 않는다.

비타민의 기능은 매우 광범위하지만 가장 중요한 역할은 효소(酵素, enzyme) 또는 효소의 역할을 보조하는 조효소(助酵素)의 구성성분이 되어 탄수화물, 지질, 단백질의 에너지대사에 관여하고, 생체조직 내에서 일어나는 수많은 화학반응에 기여한다는 것이다.

자연계에서 이루어지는 화학반응에는 수많은 종류가 있으며 농도, 온도, 압력 등의 영향을 받는다. 일반적인 화학반응과 비교하여 생명체 내부에서 이루어지는 화학반응은 구분되는 특징들이 있으며, 따라서 이런 화학반응은 생화학반응(生化學反應, biochemical reaction)이라고 구분하여 부른다.

일반적인 화학반응은 보통 매우 높은 온도에서 이루어지게 되며, 반응이 진행됨에 따라 열을 발생시키거나 열이 낮아지기도 한다. 그런데 인체 내의 생화학반응은 일반적인 화학반응이 이루어지는 온도에 비하여 매우 낮은 편이고, 인간의 체온은 36.5℃ 전후로 일정하게 유지되고 있다.

일반적인 화학반응에서 반응 온도를 낮추거나 반응 속도가 빨라지도록 도와주는 물질을 촉매(觸媒, catalyst)라고 한다. 촉매는 반응 과정에서 소모되거나 변하지 않으며, 반응을 도와줄 뿐이다. 인체 내에서는 효소가 그 역할을 하고 있으며, 효소와 조효소가 있음으로써 신체의 여러 조직에서 동시에 일어나고 있는 생화학반응이 체온의 변화 없이 가능하게 되는 것이다.

여닫이문에 비유하여 설명하면 탄수화물, 단백질, 지질 등의 기본 영양소는 문의 몸체를 이루는 것이고 인체의 생화학반응에서 효소의 역할을 하는 비타민은 문을 여닫을 수 있도록 도와주는 경첩 또는 경첩을 고정하는 나사못과 같다고 할 수 있다. 경첩의 기능과 역할이 아무리 중요하다고 하여도 경첩만으로는 문의 본래 역할을 수행할 수 없으며, 기본이 되는 3대 영양소의 중요성을 무시할 수 없다.

19세기 말 네덜란드가 인도네시아 등을 식민지로 가지고 있을 때, 식민지에 파견된 수천 명의 군인, 선원, 노동자들이 매년 각기병(脚氣病, beriberi)으로 사망하였다. 각기병은 다리가 마비되는 것을 시작으로 하여 심장이나 호흡기에 장애가 생겨 죽음에 이르는 무서운 질병이다.

당시 네덜란드에서 각기병은 큰 골칫거리였으며, 각기병의 치료 방법에 관한 연구가 폭넓게 진행되었다. 육군병원의 군의관이던 크리스티안 에이크만(Christian Eijkman)은 사람의 각기병과 유사한 증세가 있는 닭을 대상으로 실험하던 중 현미를 먹은 닭의 증세가 호전되는 것을 발견하였다.

그 후 그는 사람을 대상으로 실험한 결과 백미만 먹으면 현미를 먹는 것보다 각기병에 더 많이 걸린다는 것을 확인하고, 1890년 현미 속에 각기병을 낫게 하는 미량의 물질이 있다고 발표하였다. 그는 각기병의 원인이 음식물 결핍이라는 것을 밝혀낸 공로로 1929년에 노벨의학상을 수상하였으며, 비타민 연구가 본격화되도록 계기를 마련한 선구자가 되었다.

1910년 일본의 스즈키 우메타로(鈴木梅太郎, すずき うめたろう)는 쌀겨에서 동물의 각기병에 효능이 있는 성분을 정제하여 분리하는 데 성공하였다. 이것이 최초로 발견된 비타민이었으며, 그는 이것을 벼의 학명인 오리자 사티바(Oryza sativa)에서 따와 '오리자닌(oryzanin)'이라고 명명하였다.

그보다 조금 늦은 1912년 폴란드 출신의 미국인인 카지미르 풍크(Casimir Funk) 역시 쌀겨에서 각기병에 효능이 있는 성분을 분리해 내었다. 풍크는 그 물질이 질소가 포함된 유기물인 아민(amine)을 함유하고 있다는 것도 밝혀내고, 이 물질을 '비타민(vitamine)'이라고 이름 지었다. 이것은 라틴어로 '생명'을 의미하는 'vita'와 'amine'의 합성어이다.

1913년 미국의 엘머 버너 맥컬럼(Elmer Verner McCollum)은 쥐의 성장을 위해 꼭 필요한 미지의 영양소가 버터 지방에 섞여 있다는 것을 발견하였고, 1915년에는 밀과 계란노른자에서 물로 추출한 것에도 필수요소가 있다는 것을 발견하였다. 그는 1918년에 버터 지방에서 추출한 것을 '지용성A'라고 불렀으며, 물로 추출한 것은 '수용성B'라고 명명하였다.

1919년 영국의 잭 세실 드럼몬드(Jack Cecil Drummond)는 오렌지 추출물에서 괴혈병(壞血病, scurvy) 치료에 효과가 있는 물질을 발견하고 '수용성C'라고 이름 붙였다. 이듬해인 1920년 미량의 필수 불가결한 물질이 아민만은 아니므로 풍크가 명명한 'vitamine'에서 'e'를 떼고 'vitamin'이라고 부르자고 제안하며, '수용성C'를 '비타민C(vitamin C)'라고 하였다.

그의 이 제안이 여러 연구자에게 채택되어 '지용성A'는 '비타민A'로, '수용성B'는 '비타민B'로 각각 불리게 되었다. 비타민은 일반적으로 발견된 순서에 따라 알파벳 기호를 부여하였으나, 위와 같은 사연으로 인하여 가장 먼저 발견된 비타민을 'B'라고 하고, 그보다 나중에 발견된 비타민이 'A'가 된 것이다.

비타민에 관한 연구가 본격화되면서 비타민B는 단일물질이 아니라 여러 물질의 혼합물인 것이 밝혀지게 되었으며, 현재는 비타민B보다는 '비타민B군(群, group)' 또는 '비타민B 복합체(複合體, complex)'라고 부른다. '비타민B 복합체'란 용어는 흔히 여러 종류의 비타민B를 혼합한 영양보충제를 의미하는 '비타민B 복합제(複合劑)'란 용어와 같은 의미로 혼동되어 사용되기도 한다.

비타민 연구의 초기 단계에서는 여러 명칭이 사용되었고, 비타민으로 여겨졌으나 그 후의 연구 결과 비타민에서 제외된 것도 있다. 현재로서는 비타민A, 비타민B$_1$, 비타민B$_2$, 비타민B$_3$, 비타민B$_5$, 비타민B$_6$, 비타민B$_7$, 비타민B$_9$, 비타민B$_{12}$, 비타민C, 비타민D, 비타민E, 비타민K 등 13종만이 비타민으로 인정되고 있다.

비타민은 단독으로 인체 내의 생화학반응에 작용하기도 하지만, 다른 비타민과 공조하여 역할을 수행하기도 한다. 따라서 생화학반응이 원활히 진행되려면 각 비타민이 적절한 비율로 존재하여야 하며, 그중 하나만 부족하여도 그 반응은 부족한 비타민에 맞추어 진행되고, 나머지 비타민은 이용되지 못하고 체외로 배출된다.

비타민은 크게 지용성(脂溶性) 비타민과 수용성(水溶性) 비타민으로 구분하기도 한다. 지용성 비타민에는 비타민A, 비타민D, 비타민E, 비타민K 등이 있고, 수용성 비타민에는 비타민B와 비타민C가 있다. 수용성 비타민은 물에 쉽게 녹기 때문에 소화·흡수가 용이하나, 기름에 녹는 지용성 비타민들은 기름 성분이 함께 있어야 소화·흡수할 수 있으므로 음식을 조리할 때는 이를 고려하여야 한다.

한번 우리 몸에 들어온 비타민은 계속 존재하는 것이 아니라 제역할을 하면서 소모되기도 하고, 필요 없는 비타민은 몸 밖으로 배출된다. 일반적으로 수용성 비타민들은 몸속에 머무는 기간이 짧고, 지용성 비타민들은 여분의 비타민을 몸속에 비축하기도 하므로 머무는 기간이 긴 편이다.

03
비타민A

영양이 부족하면 각종 질병에 걸리고 사망하게 된다는 주장은 19세기 말부터 나오기 시작하였다. 비타민A의 발견은 1912년 영국의 생화학자인 프레더릭 가울랜드 홉킨스(Frederick Gowland Hopkins)가 우유에 포함된 어떤 물질이 쥐의 성장에 필요하다는 것을 입증하면서 시작되었다. 그는 이 발견을 한 공로로 1929년 노벨생리의학상을 수상하였다.

비타민A를 최초로 분리해 낸 것은 미국의 생화학자인 맥컬럼(Elmer Verner McCollum)이었다. 그는 1913년 쥐를 대상으로 한 실험에서 부족할 경우 눈병을 유발하며 성장을 저해시키는 특정 성분을 버터 지방에서 추출하는 데 성공하였다. 또한 1915년에는 밀과 계란노른자를 물로 추출한 것에도 필수요소가 있다는 것을 발견하였다.

맥컬럼은 1918년에 버터 지방에서 추출한 것을 '지용성A(fat-soluble A)'라고 명명하고, 밀과 계란노른자에서 물로 추출한 것은 '수용성B(water-soluble B)'라고 명명하였다. 그 후 1920년에 드럼몬드 (Jack Cecil Drummond)가 제안한 '비타민(vitamin)'이란 이름을 받아들여 지용성A는 비타민A로, 수용성B는 비타민B로 각각 불리게 되었다.

1931년 스위스의 화학자 파울 카러(Paul Karrer)는 비타민A의 화학적 구조를 밝혀냈고, 1937년 독일의 화학자 리하르트 요한 쿤 (Richard Johann Kuhn)에 의해 최초로 합성되었다.

1960년 국제 순수 응용화학 연합(IUPAC)에서는 비타민A가 망막 (retina)에 특수한 작용을 나타내고, 알코올의 일종이므로 레틴올 (retinol)이라고 부르기로 하였다. 레틴올은 인체 내에서 레틴알(retinal)과 레티노산(retinoic acid)으로 전환될 수 있으며, 이들을 통틀어서 레티노이드(retinoid)라고 부른다.

비타민A는 대부분의 육상 척추동물과 해양 동물에서 발견되는 A_1과 강과 호수 등의 민물에서 사는 담수어(淡水魚)에서 발견되는 A_2가 있으며, 우리가 흔히 비타민A라고 부르는 것은 비타민A_1(레틴올)을 의미한다. 비타민A_2는 디하이드로레틴올(dehydroretinol)이라고도 하며, 비타민A_1에서 수소 두 개가 떨어져 나가서 탄소의 이중결합이 하나 더 많은 형태이다.

1831년 독일의 화학자 하인리히 빌헬름 페르디난트 바켄로더 (Heinrich Wilhelm Ferdinand Wackenroder)는 당근의 뿌리에서 적자색 색소를 분리해 내고, 당근(carrot)에서 이름을 따와 카로틴(carotene)이라고 명명하였다. 동식물계에 널리 분포하는 색소들을 통틀어서 카로티노이드(carotenoid)라고 하고, 자연계에는 약 600여 종이 존재한다. 카로틴은 식물 색소 성분의 일종이다.

1929년 영국의 토머스 무어(Thomas Moore)는 카로틴이 비타민A로 전환되는 것을 증명하였다. 카로틴은 인체 내에서 비타민A로 전환될 수 있으므로 '프로비타민A(provitamin A)'라고 불린다.

1931년 카러(Paul Karrer)는 카로틴의 화학구조를 밝혀냈고, 1933년에는 당근에서 분리한 카로틴이 단일물질이 아니라 알파(α), 베타(β), 감마(γ)의 혼합물인 것을 확인하였다.

카로틴 중에서도 베타카로틴(β-carotene)은 함량이 가장 많고 비타민A로 전환되는 비율도 다른 카로틴의 2배나 된다. 최초의 공업적 합성은 1959년 스위스의 로슈(Roche)사에 의해 이루어졌으며, 오늘날 식품첨가물로 사용되는 베타카로틴은 모두 합성품이다.

비타민A가 우리 인체에서 하는 역할은 아주 다양하여 성장과 발달, 생식, 상피세포의 분화, 세포 분열, 유전자 조절 및 정상적인 면역반응에 중요한 역할을 한다. 특히 상피세포(上皮細胞)의 합성 및 유지를 위하여 꼭 필요한 물질이다.

상피세포란 인체의 표면이나 내장 기관의 표면을 덮고 있는 세포로서 우리 몸을 보호하고 감각을 느끼는 작용을 하며, 인체의 활동에 필요한 액체를 분비하거나 영양소를 흡수하는 세포이다.

비타민A가 결핍되면 상피세포의 기능이 손상되어 점액 생산이 저하되고 점막이 퇴화하여 건조해지며, 그 결과 세균의 침입에 대한 저항력이 약화되어 여러 가지 세균에 감염될 가능성이 증가하게 된다. 비타민A는 상피세포의 암 발생을 지연 또는 방지하고, 특히 폐암과 관련이 깊은 것으로 알려져 있다.

비타민A 결핍이 계속되면 눈의 점막을 형성하는 세포가 파괴되어 윤활 작용을 하는 눈물이 분비되지 않으므로 안구건조증으로 발전된다. 안구건조증이 생기면 눈이 빛에 민감하게 되어 안구에 반점이 생기며, 각막 등에 염증이 생기거나 손상을 입게 된다. 이런 상태가 지속되면 결국 실명하게 된다.

콧속에서는 섬모상피가 건조해지고 섬모(纖毛)가 빠지게 되어 호흡기에 의한 감염이 쉽게 일어나게 되며, 입에서는 침샘이 건조해져서 입안이 마르고 갈라진다. 위, 소장, 대장 등 소화기관의 내벽에 있는 점막의 분비 기능이 떨어지고 소화·흡수에 지장을 초래한다.

비타민A가 부족하면 피부가 건조해지고 각질화(角質化)가 진행되면서 피부가 까칠해지고, 비듬이 생기며, 모낭(毛囊) 주변에 모낭각질증이 생기기도 한다. 비타민A는 생식기능을 유지하는 데도 필수적이어서 부족하게 되면 요로감염, 질염 등의 질병이 발생하며 불임, 고환 위축, 유산, 태아 형성 부진 등이 야기될 수도 있다.

비타민A가 부족하면 초기증상으로 야맹증(夜盲症)이 나타나기도 한다. 야맹증이란 밝은 곳에서 어두운 곳으로 들어갔을 때 순간적으로 잘 보이지 않게 되는 증상을 말한다.

망막에는 빛을 감지하는 색소인 로돕신(rhodopsin)이 있으며, 이것은 비타민A와 옵신(opsin)이라는 단백질이 결합한 것이다. 비타민A가 부족하게 되면 로돕신을 만들 수 없으므로 어두운 곳에서 적응할 수 없게 되는 것이다.

비타민A는 뼈와 치아의 성장과 발달에도 필수적이다. 비타민A는 뼈의 끝부분이 굳어져 새 골격조직을 형성하는 데 필요하며, 노화된 골격의 재흡수 과정에도 관여한다. 비타민A가 부족하면 잇몸 주위의 조직이 약해지고, 치아의 에나멜(enamel)층 구조가 부실하여 얇고 부서지기 쉬워진다.

비타민A가 부족하면 철 결핍성 빈혈을 초래하며, 유아의 빈혈 발생 원인이 된다. 빈혈이 유발되는 이유는 비타민A 섭취 부족이 적혈구 생성의 변이 및 철 대사 변이를 초래하기 때문이다. 또한 비타민A가 부족하면 면역체계가 손상되기도 한다.

비타민A는 필수영양소로서 부족하게 되면 여러 가지 결핍 증상이 나타나지만, 반대로 체내에 너무 많이 축적되면 과잉증상이 나타나므로 항상 적정한 상태를 유지하여야 한다. 비타민A 과잉은 고농도의 비타민A 영양제를 장기간 복용할 때 발생하며, 비타민A 영양제의 섭취를 중단하면 증상이 사라진다.

비타민A 과잉증상으로는 탈모, 관절통, 성장 장애, 두통, 메스꺼움, 구토, 설사, 발진, 가려움증, 무력감 등이 있으며, 임신 중 비타민A를 과잉으로 복용하면 출산 장애, 기형아 출산 등이 발생할 수 있다. 심하면 간의 손상, 출혈, 혼수(昏睡) 등이 나타날 수 있다.

베타카로틴은 체내에서 비타민A로 전환되므로 비타민A의 기능성을 모두 발현할 수 있으나, 비타민A의 부작용인 과잉증상이 나타나지 않는다는 장점이 있다. 그 이유는 섭취한 베타카로틴 중에서 필요한 양만큼만 비타민A로 전환되기 때문이다. 베타카로틴 자체로는 아직 독성 등이 나타난다는 보고가 없다.

베타카로틴은 그 자체로 인체의 대사 과정 중에 발생하는 활성산소를 제거하는 강력한 항산화제로 작용하며, 최근에는 이런 항산화 작용이 프로비타민A로서의 작용 이상으로 중요하게 대두되고 있다. 베타카로틴은 활성산소를 없애줌으로써 항암 효과를 나타내며, 피부 건강 유지에 도움을 준다.

식품 중의 레틴올 함량을 과거에는 국제 단위(International Unit, IU)로 표시하였으나 1967년 FAO/WHO 합동위원회에서 레틴올당량(retinol equivalent, RE) 또는 μg으로 표시하도록 제안되었다. 1IU는 비타민A 0.3μg에 해당하므로 레틴올당량을 국제 단위로 환산하려면 0.3으로 나누면 된다. (1IU=0.3RE, 1RE=3.33IU)

1RE는 1μg의 레틴올에 해당하며, 레틴올당량은 레틴올뿐만 아니라 비타민A의 전구물질을 레틴올로 환산한 값을 모두 포함한 값이다. 식품 중의 베타카로틴은 인체 흡수율이 낮고, 레틴올을 만드는 효소의 활성도 낮으므로 6μg의 베타카로틴을 1μg의 레틴올로 환산하고, 기타 프로피타민A는 12μg을 1μg의 레틴올로 계산한다.

우리나라의 경우 1962년 〈한국인 영양권장량〉 제정 당시에는 IU 단위를 사용하였으나, 1980년 〈한국인 영양권장량〉 제3차 개정부터 RE 단위를 사용하였다. 2015년의 〈한국인 영양소 섭취기준〉부터는 국제적인 추세에 따라 레티놀활성당량(Retinol Activity Equivalents, RAE)을 사용하고 있다.

1RAE가 1μg의 레틴올에 해당하는 것은 RE 단위와 같으나, 프로비타민A에서는 차이가 있다. 베타카로틴의 경우 음식으로 섭취하면 6μg이 아닌 12μg을 1μg의 레틴올로 계산하고, 보충제(補充劑)용의 경우에는 2μg을 1μg의 레틴올로 계산한다. 다른 프로비타민A의 경우에는 24μg을 1μg의 레틴올로 계산한다.

RE 단위에 비하여 RAE 단위의 경우 프로비타민A의 레틴올 전환율이 1/2로 낮아진 것이 특징이다. 다만 베타카로틴의 경우 보충제로 섭취하면 6μg에서 2μg으로 오히려 레틴올 전환율이 3배로 높아졌다. 보충제란 부족하거나 필요한 영양분을 보충할 목적으로 정제된 영양제나 의약품 등을 말한다.

RE 단위에서 RAE 단위로 변경되면서 음식물 섭취에 의한 비타민A 과잉의 우려는 더욱 낮아졌으나, 보충제 섭취로 인한 비타민A 과잉의 가능성은 더 커졌다고 할 수 있다. 현재 판매되고 있는 비타민A 영양제의 표시사항에는 IU 단위, RE 단위 및 RAE 단위가 혼용되어 사용되고 있어서 소비자에게 혼동을 주고 있다.

비타민A는 식품으로 직접 섭취하기도 하지만 대부분 프로비타민

A의 형태로 섭취한 후 간에서 비타민A로 전환한다. 프로비타민A는 대부분 베타카로틴의 형태로 존재하고 적황색 과채류 및 녹색 야채에 풍부하다. 녹색 야채에서는 엽록소와 함께 있어서 제 색깔을 내지 못하고 있는 것이며, 일반적으로 녹색이 짙으면 짙을수록 베타카로틴의 함량도 많다.

비타민A가 많이 함유된 식품은 간, 계란, 우유 및 낙농제품, 육류 등이며, 베타카로틴이 많은 식품은 당근, 시금치, 호박, 고추, 고구마, 브로콜리, 케일, 오렌지, 키위, 해조류 등이다. 비타민A와 베타카로틴은 지용성이기 때문에 지방 성분과 함께 먹으면 흡수율이 증가한다.

동물성 식품에 함유된 비타민A는 대부분 레티닐에스테르(retinyl ester)의 형태로 존재하고, 소장에서 레틴올로 가수분해되어 흡수되며, 흡수율은 약 90%이다. 흡수된 레틴올은 간으로 운반된 후 사용되거나 저장된다. 과잉의 레틴올은 글루쿠론산(glucuronic acid)이나 타우린(taurine)과 결합하여 담즙으로 제거된다. 대사 산물의 약 70%는 대변으로, 그리고 나머지 약 30%는 소변을 통해 배설된다.

우리나라 사람들은 비타민A를 동물성 식품에서 직접 섭취하기보다는 식물성 식품을 통한 베타카로틴이 주된 공급원이다. 비타민A의 단위가 RE에서 RAE로 변경되면서 베타카로틴의 활성도가 1/2 수준으로 낮아지게 되면서 비타민A 섭취량이 매우 감소하여 평균 필요량 이하로 섭취하는 사람이 많아졌다.

보통의 사람들은 상당량의 레틴올이 간에 저장되어 있으므로 결핍 증상이 나타나기 어려우나 장기간 영양부족 상태에 놓여 있는 빈민층이나 노인의 경우에는 결핍 증상이 발생할 수 있다. 또한 채소를 잘 먹지 않는 영유아나 성장기의 아동들에서도 나타날 수 있다. 알코올의존증이면 비타민A가 흡수되지 못하고 배출되며, 간질환 환자의 경우는 간에 비타민A의 저장량이 부족하여 결핍 증상이 나타날 수 있다.

〈한국인 영양소 섭취기준〉에 의한 비타민A의 일일 권장섭취량(RAE/일)은 1~2세 유아의 250㎍에서 나이가 들면서 계속 증가하다가 남자의 경우 15~18세에서 850㎍으로 최고치를 보인 후 점차 감소하여 65세 이상에서는 700㎍이 된다. 여자의 경우는 12~49세에 650㎍으로 최고치를 보인 후 점차 감소하여 50세 이상에서는 600㎍이 되며, 임신부와 수유부는 각각 70㎍ 및 490㎍이 추가로 필요하다.

1세 미만 영아의 경우 권장섭취량은 설정되어 있지 않고 충분섭취량(RAE/일)만 350~450㎍으로 제시되었다. 상한섭취량(RAE/일)은 남녀 구분 없이 0~5세 영유아는 600~750㎍이고, 6~18세 성장기에는 1,100~2,800㎍이며, 19세 이상은 모두 3,000㎍이다.

04
비타민B₁

    비타민B₁은 최초로 발견된 비타민이며, 비타민B₁의 발견은 질병이 전염이나 유전 등에 의한 것이 아니라 특정 영양소의 부족 때문에도 발생할 수 있다는 것을 밝혀준 획기적인 사건이었다. 20세기 초에 이룩한 영양학 분야의 업적 중에서 비타민의 발견은 가장 위대한 것이었다.

    비타민B₁은 각기병(脚氣病)의 원인을 찾기 위한 연구의 결과 일본의 스즈키(Suzuki Umetaro)와 미국의 풍크(Casimir Funk)가 각각 독자적으로 1910년 및 1912년에 쌀겨에서 찾아내었다. 스즈키는 이 새로운 물질에 '오리자닌(oryzanin)'이란 이름을 붙였으며, 풍크는 '비타민(vitamine)'이라고 불렀다. 그 후 다른 과학자들에 의해 스즈키와 풍크가 발견한 물질은 비타민B₁임이 밝혀졌다.

    각기병은 쌀을 주식으로 하는 동남아시아 지방의 주민들에게 자주 발생하던 병으로 다리가 마비되는 것을 시작으로 심장이나 호흡기에 장애가 생겨 죽음에 이르는 무서운 질병이다. 비타민B₁의 발견 이전에는 원인도 모르고 치료도 할 수 없었기 때문에 공포의 질병이었다.

각기병의 초기증상은 팔과 다리의 신경조직이 약해지고, 근육이 쓰리고 아파지는 신경염으로 나타난다. 점차 팔다리가 붓고 감각이 없어지며, 부은 곳을 손가락 등으로 누르면 들어간 살이 나오지 않게 되고, 제대로 걸을 수도 없게 된다. 비타민B_1을 발견한 이후에는 특별한 경우가 아니면 이 병에 걸리지 않게 되었다.

비타민B_1의 화학구조는 1935년 미국의 화학자 로버트 러넬스 윌리엄스(Robert Runnels Williams)에 의해 밝혀졌다. 비타민B_1의 화학 명칭은 티아민(thiamine)이며('싸이아민'이라고도 함), 이는 '황(thio)을 함유한 아민(amine)'이란 의미이다. 물에 녹기 쉬운 수용성 비타민이며, 건조된 비타민B_1은 열에 비교적 안정하나 수용액에서는 열에 의해 쉽게 파괴되므로 조리 중에 손실이 크다.

비타민B_1은 탄수화물, 단백질 및 지질의 에너지대사에 관여하며, 특히 세포 내 에너지대사에 필수적인 물질이다. 세포 내에는 에너지를 만드는 미토콘드리아(mitochondria)라는 기관이 있고, 에너지는 아데노신3인산(ATP, adenosine triphosphate)이란 형태로 저장되어 있다.

ATP는 아데노신(adenosine)에 3개의 인산기가 결합한 형태이며, 인산기가 2개이면 아데노신2인산(ADP, adenosine diphosphate)이라고 한다. 미토콘드리아는 포도당 등을 분해할 때 나오는 에너지를 이용하여 ADP를 ATP로 만들어 저장하고, 에너지가 필요하게 되면 ATP를 가수분해하여 ADP로 만들면서 발생하는 에너지를 이용하게 된다.

포도당을 분해하여 ATP를 만드는 일련의 대사를 TCA회로(TCA cycle)라고 하는데, 이 TCA회로를 완성하기 위해서는 포도당이 2분자의 피루브산(pyrubic acid)이 되고, 피루브산이 탈탄산효소의 작용을 받아 이산화탄소(CO_2)를 잃고, 조효소A(CoA)와 결합하여 활성아세트산이 되는 것으로부터 시작한다.

비타민B_1은 피루브산의 카르복실기(-COOH)에서 이산화탄소를 이탈시키는 효소를 돕는 조효소(助酵素)로 작용한다. 따라서 비타민B_1이 없으면 TCA회로는 시작되지 못하며, 피루브산은 TCA회로를 벗어나 젖산으로 변한다. 젖산은 피로물질로 알려져 있으며, 따라서 비타민B_1은 피로를 예방하는 역할을 하기도 한다. 특히 뇌는 에너지원으로 포도당만을 사용하므로 비타민B_1이 부족하면 뇌의 활동이 둔해진다.

비타민B_1은 루신(leucine), 아이소루신(isoleucine), 발린(valine) 등의 아미노산 대사에도 관여하며, 지방의 대사에도 관여한다. 비타민B_1의 필요량은 에너지 소모량과 밀접한 상관성이 있으며, 탄수화물의 섭취가 많으면 비타민B_1이 많이 필요하고, 단백질과 지방은 상대적으로 비타민B_1의 요구량이 적다.

비타민B_1은 신경전달물질의 생합성에 관여하며, 신경염과 각기병의 예방과 치료에 효능이 있다. 신경은 뇌와 마찬가지로 당분에서만 에너지를 공급받을 수 있는데, 비타민B₁이 부족하면 당분에 의한 에너지 생산이 원활하지 못하고 젖산과 피루브산이 축적되어 신경계통에 이상이 생기게 된다.

비타민B₁이 부족하여도 초기에는 뚜렷한 증세가 나타나지 않으므로 간과되기 쉬우나, 모든 세포에서 에너지가 필요하고 비타민B₁이 에너지대사에 필수적이므로 신체의 모든 기관에 영향을 미칠 수 있다. 봄철에 전신이 나른하며 졸음이 오는 춘곤증(春困症) 역시 비타민B₁의 결핍에 따른 증상이다.

신경계, 소화기관 및 피부는 특히 민감하며, 비타민B₁의 결핍증은 대부분 이런 기관들과 관련이 있다. 그 이유는 신경계는 에너지의 사용이 많은 기관이며, 소화기관과 피부는 세포의 교체가 빨라 많은 에너지가 필요하기 때문이다. 비타민B₁의 결핍은 피로감, 식욕감퇴, 체중 감소, 신경장애, 피부 이상 등으로 나타난다.

우리 국민에게 부족하기 쉬운 비타민이며, 밤새워 공부하여 뇌의 사용이 많은 수험생에게 결핍 증상이 나타나기 쉽다. 알코올은 비타민B₁의 흡수를 저해하므로 술을 많이 마시는 사람은 결핍 증상을 보이기 쉽다. 알코올의존자에게서 정신이상, 신경장애, 기억상실 등이 나타나는 것도 비타민B₁ 결핍으로 인한 뇌와 신경의 손상으로 인한 것이다.

비타민B₁이 부족하기 쉬운 사람은 비타민B₁이 풍부한 식품을 섭취하거나 비타민B₁ 보충제를 먹어야 한다. 비타민B₁이 풍부한 식품으로는 돼지고기, 닭고기, 두류, 곡류, 감자, 시금치, 계란노른자 등이 있다. 백미보다 현미는 비타민B₁이 약 두배가량 함유되어 있다. 비타민B₁의 반감기는 9~18일 정도로 체내에 머무는 기간이 짧으므로 지속해서 섭취하여야 한다.

〈한국인 영양소 섭취기준〉에 의한 비타민B₁의 일일 권장섭취량은 1~2세 유아의 0.4mg에서 나이가 들면서 계속 증가한다. 남자의 경우 15~18세에서 1.3mg으로 최고치를 보인 후 점차 감소하여 65세 이상에서는 1.1mg이 된다. 여자의 경우는 12~64세에 1.1mg으로 최고치를 보인 후 점차 감소하여 75세 이상에서는 0.8mg이 되며, 임신부와 수유부는 각각 0.4mg이 추가로 요구된다. 1세 미만 영아는 권장섭취량은 설정되지 않았고 충분섭취량만 0.2~0.3mg으로 되어있다.

비타민B₁은 인체 독성이 낮고 식품을 통한 섭취에는 한계가 있어서 과잉으로 섭취할 가능성이 작으므로 상한섭취량을 정하지 않고 있다. 비타민B₁의 과잉증상으로는 가려움증, 통증, 얼얼함 등이 있다. 고농도 보충제를 과량으로 복용할 때 일시적으로 혈장 중의 비타민B₁ 농도가 증가할 수 있으나, 수 시간 이내에 여분의 비타민B₁이 소변으로 배출되어 정상 농도로 돌아간다.

05
비타민B2

1926년 미국의 역학조사관이었던 조셉 골드버거(Joseph Goldberger)는 펠라그라(pellagra)라는 질병의 예방에 관한 실험을 하던 중 비타민B에는 열에 불안정하고 신경염 등에 효과가 있는 물질 외에 열에 안정하며 동물의 성장 및 펠라그라 예방에 효과가 있는 물질이 있음을 발견하고, 'P-P(pellagra-preventing) factor'라고 이름 붙였다.

그 후 여러 과학자에 의해 연구가 진척되면서 열에 안정하고 'P-P factor'라고 불렸던 비타민B 성분도 단일물질이 아닌 것이 밝혀졌으며, 오늘날에는 주로 성장 촉진에 관여하는 물질은 비타민B2라고 부르고, 펠라그라에 효과가 있는 성분은 비타민B3라고 부르고 있다.

1927년 영국의 영양보조인자위원회에서는 비타민B 성분 중에서 신경염 등에 효과가 있는 물질을 비타민B1이라 하고, 골드버거 등이 발견한 물질(P-P)을 비타민B2라고 구분하였다. 한편 같은 1927년에 미국의 헨리 클랩 셔먼(Henry Clapp Sherman)은 골드버거 등이 발견한 물질을 골드버거의 이름에서 따와 '비타민G'라고 부르자고 제안하였다.

1933년 독일의 유기화학자 리하르트 요한 쿤(Richard Johann Kuhn)은 비타민B군에 대해 연구를 하던 중 강한 녹색 형광을 발하며 광선에 파괴되기 쉬운 성질을 가진 황색 물질을 발견하고 '플래빈(flavin)'이라고 이름 붙였으며, 쿤은 이 플래빈을 비타민B$_2$라고 하였다.

1934년 독일의 쿤과 스위스의 카러(Paul Karrer)는 각자 독자적인 연구를 통하여 거의 같은 시기에 비타민B$_2$의 화학구조를 밝혀내고, 1935년에는 인공적 합성에 성공하였다. 초기에 발견한 비타민들이 흔히 그렇듯이 1934년에 비타민B$_2$의 화학적 구조가 정확히 밝혀지기 전까지 한동안 비타민PP, 비타민B$_2$, 비타민G 등 여러 이름이 함께 사용되었다.

1937년 미국의사협회에서 비타민B$_2$가 리비톨(ribitol)을 포함하는 화학구조이고 노란색을 띠므로 '리보플래빈(riboflavin)'이라는 명칭을 정하였다('라이보플래빈'이라고도 함). 이는 라이보오스(ribose)와 라틴어로 노란색을 의미하는 'flavus'를 합친 말이다.

비타민B$_2$는 주황색의 결정이며, 노란색을 내는 식품첨가물로 사용되기도 한다. 수용성 비타민이며, 산과 열에는 비교적 안정하여 조리과정에서의 손실은 적은 편이다. 결정 상태에서는 빛의 영향을 받지 않으나, 수용액에서는 빛에 약하여 분해되기 쉽다. 우유를 투명한 유리병보다는 반투명한 용기에 담는 것은 우유에 많은 비타민B$_2$가 햇빛에 의해 파괴되는 것을 막기 위한 목적이다.

식품에 극히 미량 들어있는 비타민이 어떻게 각기병, 괴혈병, 펠라그라 등과 같은 병을 예방할 수 있는가 하는 비밀은 비타민이 세포의 화학반응에 필수적인 효소의 구성성분이 되기 때문이라는 것이 밝혀지면서 풀리게 되었다. 비타민B$_2$는 효소의 구성요소라는 것이 입증된 최초의 비타민이다.

인체의 세포 내에서 이루어지는 반응은 대부분 산화환원반응이며, 이런 반응에 촉매 역할을 하는 것이 효소이고, 비타민B$_2$는 이 효소를 돕는 조효소인 FMN(flavin mononucleotide)과 FAD(flavin adenine dinucleotide)의 구성성분이 된다. 비타민B$_2$는 자연 상태에서는 보통 FMN이나 FAD의 형태로 존재하고, 단독으로 존재하는 경우는 드물다.

식품 중의 비타민B$_2$는 FMN이나 FAD의 형태로 단백질과 결합하여 존재하며, 섭취 후에는 소화효소에 의해 비타민B$_2$로 전환된 후 흡수된다. 비타민B$_2$의 흡수율은 다른 영양소나 성분에 의해 영향을 받으므로 식품마다 흡수율이 다를 수 있다. 흡수된 비타민B$_2$는 다시 FMN 및 FAD로 전환되며 특히 간, 심장, 신장 등의 장기에서 함량이 높다.

FMN 및 FAD는 여러 효소반응에 관여하며, 특히 에너지대사에서 중요한 역할을 한다. 탄수화물, 지방, 단백질의 대사 경로에서 탈수소화 반응(dehydrogenation), 수산화 반응(hydroxylation), 산화탈탄산 반응(oxidative decarboxylation), 이산소화 반응(dioxygenation)

등에 필수적이며, 과산화수소와 같은 라디칼(radical)을 제거하는 산화환원 순환반응에도 참여하여 항산화제의 역할도 한다.

또한 FMN 및 FAD는 비타민B$_3$, 비타민B$_6$, 비타민B$_9$ 등 다른 비타민이 관여하는 효소의 조효소로도 작용하므로 심각한 비타민B$_2$ 결핍은 다른 많은 비타민의 작용에도 영향을 미칠 수 있다. 비타민B$_2$는 글루타티온(glutathione)이란 항산화효소의 조효소로도 작용하여 항산화 기능을 수행할 수 있도록 돕는다.

비타민B$_2$ 결핍으로 인한 결핍증은 매우 광범위하게 나타나는데, 성장이 부진할 뿐만 아니라 구각염, 구순염, 설염 및 빈혈과 함께 입이나 코 주위의 안면부, 음낭, 외음부의 지루성 피부염 등이 대표적이다. 또한 치아 출혈이나 눈의 충혈이 나타나기도 한다. 가벼운 결핍 시에는 전신 피로감이나 무력감이 나타난다.

비타민B$_2$ 결핍증은 단독으로 나타나는 일은 드물며 다른 비타민B의 결핍증과 동반되어 나타난다. 특히 당뇨병, 알코올 의존증, 간질환, 심혈관계 질환 등을 앓고 있는 사람은 비타민B$_2$의 결핍증에 걸리기 쉬우며, 경구피임약이나 정신안정제 등의 약물을 복용하는 사람도 결핍이 생기기 쉽다.

비타민B$_2$를 다량 섭취하였을 경우의 독성이나 부작용이 보고된 것은 없으며, 따라서 비타민B$_2$에 대하여는 상한섭취량이 설정되어 있지 않다. 고용량의 비타민B$_2$ 보충제를 복용하면 소변의 색이 노랗게 변하기도 하는데 이는 해로운 부작용은 아니며, 비타민B$_2$의 배설량이 증가하여 나타나는 자연스러운 현상이다.

다른 수용성 비타민들과 마찬가지로 비타민B$_2$ 역시 체내에 저장되지 않으며, 필요량 이상은 빠르게 배출된다. 비타민B$_2$의 양이 처음 값의 1/2로 줄어드는 반감기(半減期)는 약 1시간으로 알려져 있다. 배출은 주로 소변으로 이루어지며 땀과 담즙으로도 소량 배출된다.

대부분 식품에 소량이라도 비타민B$_2$가 함유되어 있으며 특히 육류, 생선, 우유 및 유제품, 계란 등의 동물성 식품에 많아 주된 공급원이 된다. 녹황색 야채, 두류, 곡류 등 식물성 식품에도 비교적 널리 분포되어 있다. 장내미생물이 합성한 비타민B$_2$도 일부 흡수되어 이용된다. 그러나 한국인의 비타민B$_2$ 섭취량은 일반적으로 부족한 상태라고 말할 수 있으며, 영양제로 보충하여 주는 것이 필요하다.

〈한국인 영양소 섭취기준〉에 의한 비타민B$_2$의 일일 권장섭취량은 1~2세 유아의 0.5㎎에서 나이가 들면서 계속 증가한다. 남자의 경우는 15~18세에서 1.7㎎으로 최고치를 보인 후 점차 감소하여 75세 이상에서는 1.3㎎이 된다. 여자의 경우는 12~64세에 1.2㎎으로 최고치를 보인 후 점차 감소하여 75세 이상에서는 1.0㎎이 되며, 임신부와 수유부는 각각 0.4㎎과 0.5㎎이 추가로 요구된다. 1세 미만 영아는 권장섭취량은 설정되지 않았고 충분섭취량만 0.3~0.4㎎이다.

06
비타민B₃

비타민B₃는 나이아신(niacin)이란 이름으로 더 널리 알려져 있으며, 니코틴산(nicotinic acid)과 니코틴아마이드(nicotinamide) 및 그 유도체 중에서 생리활성을 나타내는 물질들을 총칭하는 말이다. 니코틴산은 니코틴(nicotine)의 산화로 발생되는 부산물로 1867년부터 사진 인화에 널리 사용되었다.

그 존재는 일찍 알려졌으나, 그것이 사람의 건강과 관련이 있는 물질이라는 사실은 알지 못한 채 오랜 시간이 흘렀다. 각기병 치료를 위한 연구가 한창이던 1912년에 풍크는 쌀겨로부터 니코틴산을 추출하였으나, 각기병 치료에 효과가 없다는 이유로 별다른 주목을 받지 못하고 잊혔다.

1928년 미국의 윌리엄스(Robert Runnels Williams)는 비둘기를 이용한 실험에서 비타민B군 중에서 그때까지 알려진 B₁이나 B₂ 외에 열에 불안정하며 비둘기의 체중 유지에 필요한 제3의 물질이 있다는 것을 발견하고 비타민B₃라고 불렀다. 비타민B₃는 과거에는 'P-P factor'라고도 불렀다.

이는 원래 1926년에 골드버거(Joseph Goldberger)가 펠라그라에 효과가 있는 물질을 발견하고 붙인 이름이었다. 당시에는 열에 안정하고 오늘날 비타민B₂라고 불리는 물질에 붙인 이름이었으나, 비타민B₂보다는 비타민B₃가 펠라그라에 더 효과적인 것이 밝혀지게 됨에 따라 'P-P factor'는 비타민B₃를 지칭하는 용어가 되었다.

나이아신(비타민B₃)은 니코틴산과 니코틴아마이드를 합쳐서 부르는 이름으로서, 두 물질은 모두 흰색의 바늘 모양 결정이며 물에 잘 녹는다. 나이아신은 체내에서 필수아미노산인 트립토판(tryptophan)을 이용하여 합성할 수 있으며, 일반적으로 섭취한 트립토판의 약 3%가 나이아신으로 전환된다고 한다.

나이아신의 섭취량을 나타낼 때는 나이아신뿐만 아니라 체내에서 나이아신으로 전환될 수 있는 트립토판의 양까지 고려한 나이아신당량(NE, niacin equivalent)으로 표시한다. 1NE는 1㎎의 나이아신에 해당하는 양을 말하며, 트립토판으로는 60㎎이 된다.

펠라그라는 비타민B₃뿐만 아니라 비타민B₁, 비타민B₂, 비타민B₆ 등이 부족할 때도 발생할 수 있는데, 이는 트립토판이 나이아신으로 전환되는 대사 과정에 이런 비타민들이 관여하기 때문이다. 골드버거가 비타민B₂를 발견하고 펠라그라에 효과가 있다고 생각하게 된 것도 이런 이유일 것이다.

펠라그라(pellagra)는 '니코틴산 결핍증후군'이라고도 한다. 펠라그라는 20세기 초반 유럽과 미국에서 만연되었던 질병이었으며, 옥수수를 주식으로 하는 인디언에게 특히 많이 발생하였는데, 그 이유는 옥수수에는 쌀이나 밀에는 풍부한 트립토판이 별로 없기 때문이다.

펠라그라의 증상은 햇빛에 노출되는 피부에 반점이 나타나고, 특히 목 부분의 피부가 거칠게 되는 독특한 피부염이 발생한다. 또한 입, 혀, 소장 점막 등에 염증이 생겨 설사를 하며, 신경계에도 영향을 미쳐 정신 혼란이나 치매 증세를 보이기도 하고, 심하면 사망에 이르기도 한다.

당시 많은 과학자가 이 병의 치료 방법을 찾기 위하여 노력하였다. 1937년 미국의 생화학자인 콘라트 아놀드 엘베젬(Conrad Arnold Elvehjem)이 펠라그라와 유사한 개의 질병인 흑설병(黑舌病)에 효과가 있는 물질이 니코틴산이라는 것을 밝혀내서 윌리엄스가 비타민B₃라고 명명한 물질의 정체가 밝혀졌다.

니코틴산이 펠라그라에도 효과가 있다는 것이 알려지면서 미국의 많은 식품회사가 니코틴산을 첨가한 제품들을 생산하기 시작하였다. 그러나 니코틴산이란 이름이 담배의 유독물질로 알려진 니코틴(nicotine)을 연상시켜 판매가 부진하고, 금연 단체 등의 항의도 받게 되어 적당한 다른 이름을 검토하게 되었다.

마침내 1942년 미국의사협회(American Medical Association)에서 '나이아신(niacin)'이란 이름을 제안하게 되었고, 이 이름이 널리 통용되게 되었다. 나이아신이란 니코틴산(nicotinic acid)의 'nicotinic'

과 'acid'에서 각각 앞의 두 글자를 따오고, 비타민(vitamin)에서 뒤의 두 글자를 따와 조합한 것이다.

나이아신의 조효소 형태인 니코틴아미드아데닌디뉴클레오티드(nicotinamide adenine dinucleotide, NAD) 및 니코틴아미드아데닌디뉴클레오티드인산(nicotinamide adenine dinucleotide phosphate, NADP)은 체내에서 50여 가지 생화학반응에 관여한다.

NAD와 NADP는 탄수화물, 지방, 단백질의 대사 과정, 지방산 및 스테로이드 합성, DNA 복제와 복구 및 세포분화에 관여하고, 세포 내에 저장된 칼슘의 이동에 관여한다. 또한 말초혈관을 확장하여 혈액순환을 촉진시킴으로써 세포 내 호흡을 원활하게 하고, 신경조직의 기능 유지를 돕는다.

따라서 나이아신은 체내 에너지 생성을 비롯하여 정상적인 생명을 유지하는 데 필수적인 물질이다. 나이아신의 결핍 증상으로는 대표적으로 펠라그라가 있으며, 식욕 감퇴, 체중 감소, 지능 저하 등이 있다. 나이아신이나 트립토판은 일반적인 식품 중에 널리 존재하여 결핍 증상이 나타나는 일은 드물지만 만성 알코올 의존자나 트립토판 대사 장애를 가진 사람은 나이아신이 결핍되기 쉽다.

현대 사회에서 펠라그라의 발생은 흔하지 않으나 아프리카, 인도, 중국 등 일부 지역에서는 아직도 발생하고 있다. 펠라그라의 증세로는 피부염과 함께 소화관 및 신경계 장애를 나타낸다. 소화관 장애는 점막의 염증, 구토, 변비, 설사 등이며, 신경계 장애로는 우울증, 무관심, 두통, 피로, 기억상실 등이 있다.

식품으로 섭취한 나이아신에 의한 부작용은 지금까지 보고된 바가 없으나, 영양보충제를 통하여 과잉으로 섭취하거나 고지혈증 등을 치료하기 위하여 과량으로 복용하였을 경우는 부작용이 나타날 수 있다. 증상으로는 홍조, 메스꺼움, 구토 등이 있고, 더 심하면 간 독성, 포도당 내성, 소화관 장애 등이 나타날 수 있다. 이런 부작용은 복용을 중지하면 바로 정상으로 회복된다.

나이아신은 육류와 곡류에 비교적 많이 함유되어 있으며 쇠고기, 돼지고기, 닭고기, 생선, 달걀, 우유, 밀가루, 버섯, 땅콩, 아보카도, 브로콜리, 아스파라거스, 맥주(효모) 등이 대표 식품이다. 그중 우유나 달걀은 나이아신을 거의 함유하고 있지 않으나 다량의 트립토판을 통해 간접적으로 나이아신을 제공한다.

곡류의 나이아신은 대부분 단백질과 결합되어 있어 흡수율이 낮지만, 육류의 경우에는 주로 니코틴아마이드의 상태로 들어있으며, 나이아신으로 분해되어 흡수된다. 나이아신의 체내 흡수율은 높은 편이며, 각 신체조직으로 전달된 후에는 NAD 또는 NADP의 형태로 존재하게 된다.

니코틴산과 니코틴아마이드는 위해 영향과 독성이 매우 다르므로 상한섭취량이 구분되어 설정되었으며, 니코틴산의 과잉으로 인한 부작용은 피부홍조, 가려움증, 구역질, 구토, 소화기 장애, 혈당 상승, 간 기능 장애 등이 있으며, 니코틴아마이드 과잉으로 인한 부작용은 간 기능 장애이다.

〈한국인 영양소 섭취기준〉에 의한 비타민B$_3$의 권장섭취량(NE/일)은 1~2세 유아의 6㎎에서 나이가 들면서 계속 증가한다. 남자의 경우 15~18세에서 17㎎으로 최고치를 보인 후 점차 감소하여 75세 이상에서는 13㎎이 된다. 여자의 경우는 12~14세에 15㎎으로 최고치를 보인 후 점차 감소하여 75세 이상에서는 12㎎이 되며, 임신부와 수유부는 각각 4㎎과 3㎎이 추가로 요구된다.

니코틴산의 상한섭취량은 1~5세 유아의 10㎎에서 나이가 들면서 계속 증가하여 남녀 구분 없이 19세 이상에서는 35㎎이 되며, 니코틴아마이드의 상한섭취량은 1~2세 유아의 180㎎에서 나이가 들면서 계속 증가하여 남녀 구분 없이 19세 이상에서는 1,000㎎이 된다. 1세 미만 영아는 충분섭취량만 2~3㎎으로 설정되어 있다.

07
비타민B5

　1930년 영국 옥스포드대학의 시릴 윌리엄 카터(Cyril William Carter)와 존 리처드 오브라이언(John Richard O'Brien)은 비둘기의 영양에 대한 연구에서 그때까지 알려진 비타민B₁, 비타민B₂, 비타민B₃ 등의 영양소 이외에도 수용성의 어떤 물질이 요구된다는 것을 발견하고 비타민B₅라고 이름 붙였다.

　이것은 오늘날 판토텐산(pantothenic acid)이라 부르는 물질로 판명되었으며, 판토텐산이란 명칭은 1933년 미국의 로저 존 윌리엄스(Roger John Williams)가 효모의 성장에 필요한 물질을 발견한 후에 붙인 이름이다. 판토텐산은 그리스어로 '어디에나(everywhere)'를 의미하는 'pantos'에서 따온 말이며, 모든 동식물 및 세균에서 발견된다.

　로저 윌리엄스는 비타민B₁의 화학구조를 밝힌 로버트 윌리엄스의 동생이며, 1919년부터 1986년까지 약 300건의 학술논문을 발표하였을 정도로 비타민 연구에 큰 공헌을 한 인물이다. 그는 1939년 판토텐산의 화학구조를 밝혀내기도 하였다. 판토텐산은 빛에는 안정하지만 열이나 산, 알칼리에는 약한 물질이다.

판토텐산은 탄수화물, 단백질, 지질 등 모든 에너지대사에 필수적이며 인체 내의 여러 생화학 반응에 필요한 조효소A(coenzyme A, CoA)와 아실운반단백질(acyl carrier protein, ACP)의 구성성분이 된다. 따라서 판토텐산은 사실상 인간뿐만 아니라 모든 생물에 필수적인 요소가 된다.

조효소A에서 'A'는 아세틸화(acetylation)를 의미한다. 1947년 독일 출생의 미국 생화학자인 프리츠 알베르트 리프만(Fritz Albert Lip-mann)은 에너지대사에서 중요한 촉매 역할을 하는 조효소A를 발견하고, 그 공로로 TCA회로를 발견한 독일 출생의 영국 생화학자인 한스 아돌프 크렙스(Hans Adolf Krebs)와 공동으로 1953년에 노벨 생리의학상을 수상하였다.

조효소A는 에너지대사뿐만 아니라 필수지방산, 콜레스테롤, 스테로이드 호르몬 등을 합성하는데도 필요하다. 신경전달물질인 아세틸콜린(acetylcholine)이나 멜라토닌(melatonin)의 합성에도 필요하며, 혈색소의 성분인 헴(heme)의 합성이나 독성물질을 간에서 분해하는 일에도 관여한다.

또한 많은 단백질은 조효소A로부터 긴사슬지방산(long chain fatty acid)을 받아 변형되고, 이러한 구조변화는 단백질의 아세틸화라고 알려져 있으며, 세포 신호전달에서 중심 역할을 하는 것으로 여겨진다. 정상적인 생리기능 유지를 위하여는 여러 지방산이 필요하며, 아실 운반단백질(ACP)은 이러한 지방산 합성에 필요하다.

육체와 정신의 스트레스를 방어하는 작용 때문에 '항(抗)스트레스 비타민'이라고도 불리는 판토텐산은 부신피질호르몬 및 아드레날린 생산을 증가시키는 작용이 있어서 원기를 증진시키며, 병균의 감염을 막아주거나 상처를 빨리 낫게 하여 병의 회복을 촉진한다. 또한 신체의 정상적인 성장을 돕고, 뇌의 중추신경조직을 발달시키는 작용도 있으며, 주름살과 같은 노화현상을 예방하는 작용이 있다.

판토텐산은 그 이름의 유래처럼 모든 식품에 어느 정도 포함되어 있으며, 장내세균에 의해서 합성되기도 하므로 충분한 섭취가 가능하여 결핍 증상이 나타나기 어렵다. 그러나 신장의 결함으로 만성적인 투석 환자나 알코올 의존자 등은 판토텐산이 부족할 수 있다.

판토텐산의 결핍 증상은 단독으로 나타나는 경우는 드물고 일반적으로 다른 비타민B군의 결핍 증상과 복합적으로 나타나며, 대표적인 부족 현상은 피로와 불면증이다. 때로는 체중 감소, 각종 기능 장애, 피부염, 탈모, 저혈압, 저혈당 등이 나타날 수도 있다.

판토텐산이 풍부한 식품으로는 효모, 동물의 간, 로열젤리, 소맥 배아, 땅콩, 계란노른자, 돼지고기, 닭고기 등이 있다. 호밀, 수수, 귀리 같은 잡곡이나 현미 등의 곡류와 송이버섯, 팽이버섯, 목이버섯 등의 버섯류 및 콜리플라워, 브로콜리 등의 채소류도 비교적 판토텐산의 함량이 높다.

비타민B5는 최근까지 다른 비타민에 비하여 별로 주목받지 못하였고 연구 성과도 적은 편이었다. 그러나 최근에는 피부 질환이나 육체 피로를 개선하는 등의 기능성으로 인하여 건강기능식품으로 새롭게 평가되고 있다. 비타민B₅의 경우 연구와 정보의 부족으로 인하여 평균필요량이나 권장섭취량 대신 충분섭취량이 설정되어 있으며, 독성에 관한 연구도 부족하여 상한섭취량이 설정되지 않았다.

〈한국인 영양소 섭취기준〉에 의한 비타민B₅의 일일 충분섭취량은 1세 미만 영아는 1.7~1.9㎎이고, 1~5세의 유아는 2㎎이다. 남녀 구분 없이 6~11세는 3~4㎎이고, 12세 이상에서는 모두 5㎎이며, 임신과 수유 중에는 각각 1㎎과 2㎎이 추가로 요구된다.

08
비타민B6

비타민B6는 1926년 골드버거(Joseph Goldberger) 등이 펠라그라라는 질병의 예방에 관한 실험을 하던 중 발견되었으나, 당시에는 그것이 여러 물질의 복합체인 것을 모르고 자신들이 발견한 물질을 'P-P factor'라고 불렀으며, 그 후에 비타민B2라는 이름을 얻게 되었다.

1934년 헝가리 출신 미국인인 폴 게오르규(Paul Gyorgy)는 비타민B2와는 구분되며 사람의 펠라그라와 유사한 쥐의 피부병을 낫게 하는 물질의 존재를 확인하고 비타민B6라는 이름을 제안하였으며, 이듬해에 'P-P factor'로부터 비타민B2와 비타민B6의 분리에 성공하였다.

1938년 폴란드 출신 미국인인 사무엘 렙코프스키(Samuel Lepkovsky)가 최초로 비타민B6를 결정상으로 분리하였고, 1939년 스탠튼 해리스(Stanton A. Harris) 등에 의해 처음으로 화학구조가 밝혀졌다. 해리스 등은 '아데르민(adermin)'이라고 불렀으며, 게오르규는 '피리독신(pyridoxine)'이란 명칭을 제안하였는데, 오늘날에는 피리독신이란 이름이 일반적이다.

처음에는 비타민B6가 피리독신뿐인 줄 알았으나, 그 후 연구에 의해 단일물질이 아니라 몇 가지 형태가 존재한다는 것이 밝혀졌다. 1944년 에스몬드 에머슨 스넬(Esmond Emerson Snell)은 피리독살(pyridoxal)과 피리독사민(pyridoxamine)을 발견하였으며, 같은 해 카를 아우구스트 포커스(Karl August Folkers) 등은 이들의 합성에 성공하였다.

비타민B6는 피리독신, 피리독살, 피리독사민 등과 이들의 인산에 스테르를 합한 6종류를 총칭하는 이름이다. 이들 6종류는 체내에서 전환이 가능하며, 생물학적 활성의 차이는 없다. 피리독신이 가장 먼저 발견되었기 때문에 비타민B6를 대표하는 화학 명칭으로 자주 사용된다.

비타민B6는 냄새가 없는 백색 결정으로서 물이나 알코올에 잘 녹으며, 산성용액에서는 열에 강하지만 알칼리용액에서는 열에 약하고, 광선에 의해 쉽게 분해된다. 피리독살과 피리독사민은 피리독신보다 불안정하여 조리 시 높은 온도에서는 파괴되기 쉽다.

비타민B6는 탄수화물 및 지방의 대사에도 관여하지만, 대표적인 기능은 단백질 및 아미노산 대사에 도움을 준다는 것이다. 비타민B6는 아미노산 대사에 관여하는 아미노전이효소(aminotransferase), 탈탄산효소(decarboxylase), 입체이성질효소(racemase) 등 100여 종의 효소에 조효소로 작용한다.

비타민B6는 비필수아미노산을 합성하는 반응에 필요하며, 만일 비타민B6가 없다면 모든 아미노산은 필수아미노산이 되어 식사를 통해 반드시 공급되어야 할 것이다. 또한 비타민B6는 적혈구의 혈색소(hemoglobin) 합성에 관여하며, 아미노산의 일종인 트립토판(tryptophan)이 나이아신(비타민B₃)으로 전환되는데도 필요하다.

비타민B₆는 인슐린의 합성을 원활하게 도와주며, 칼로리 섭취가 적을 때는 체내에 저장된 탄수화물 등을 포도당으로 전환하여 혈당을 정상으로 유지하는 데 도움이 된다. 또한 비타민B₆는 면역물질의 생산을 촉진하고 지루성피부염(脂漏性皮膚炎), 관절염, 월경전증후군 등의 예방과 치료에 효과가 있다.

비타민B₆가 부족하면 비타민B₂ 및 비타민B₃ 결핍과 유사한 증상이 나타나며 피부염, 습진, 빈혈 등이 대표적이다. 그 외에도 구내염, 구순염, 설염, 간질성 혼수, 우울증, 정신착란 등이 나타날 수 있다. 최근에는 비타민B₆가 부족할 경우 심혈관계 질환과 암 발생의 요인이 된다는 연구 결과도 나왔다.

비타민B₆는 수용성 비타민이지만 인체 내에 상당량이 저장되어 있고, 자연계에 널리 분포되어 있으므로 결핍이 발생하기는 어렵다. 비타민B₆ 결핍증은 다른 비타민B군의 결핍과 관련되어 나타나는데, 특히 비타민B₂ 결핍 시 증상이 악화된다. 또한 흡수장애가 있거나 알코올 의존자, 당뇨병 환자, 경구피임약을 복용하는 여성, 영양 섭취가 부실한 노인 등은 결핍 증상이 발생할 수도 있다.

일상적인 식사를 통한 비타민B₆의 과잉증상은 보고된 바 없으며, 질병 치료를 목적으로 다량의 약제를 장기 복용하거나 고용량의 비타민보충제를 장기 복용하였을 경우 부작용이 나타날 수 있다. 과잉

증상으로는 손발의 무감각이나 쑤심, 걸음이 비틀거림, 피부병, 졸림 등이 나타난다. 비타민B6의 섭취를 중단하거나 줄이면 곧 회복된다.

비타민B6가 많이 포함된 식품으로는 생선, 돼지고기, 닭고기, 계란, 동물의 내장(간, 콩팥) 등 동물성 식품을 비롯하여 밀, 옥수수, 콩, 현미, 감자, 고구마, 시금치, 양배추, 당근, 마늘, 바나나 등이 있으며, 유제품은 상대적으로 비타민B6의 함량이 적은 편이다.

동물성 식품에는 주로 피리독살인산에스테르(PLP) 및 피리독사민인산에스테르(PMP)가 단백질과 결합된 형태로 존재하며, 식물성 식품에서는 주로 피리독신 및 피리독신인산에스테르(PNP)가 당과 결합된 형태로 존재한다. 이들은 피리독신, 피리독살, 피리독사민 등으로 가수분해된 후에 흡수되고, 간으로 운반된 후 PLP, PMP, PNP 등으로 전환된다.

〈한국인 영양소 섭취기준〉에 의한 비타민B6의 일일 권장섭취량은 1~2세 유아의 0.6mg에서 나이가 들면서 계속 증가한다. 남자의 경우 12세 이상이 되면 1.5mg으로 동일하고, 여자의 경우 12세 이상이 되면 1.4mg으로 동일하며, 임신과 수유 중에는 각각 0.8mg이 추가로 요구된다.

1년 미만 영아의 경우 0.1~0.3mg의 충분섭취량만 설정되어 있다. 상한섭취량은 남녀 구분 없이 1~5세 유아는 20~30mg이고, 6~18세의 경우 나이에 따라 증가하여 45~95mg이고, 19세 이상 성인의 경우는 모두 100mg이다.

09
비타민B₇

1927년 영국의 마가레트 애버릴 보아스(Margaret Averil Boas)는 생난백(生卵白)을 사료로 먹인 쥐에서 나타나는 털이 빠지고 습진과 유사한 피부병이 발생하는 난백장애(egg-white injury)라는 질병을 치료하는 물질을 최초로 쥐의 간에서 추출해 내고 'protective factor X'라고 이름 붙였다.

쥐의 피부병을 낫게 하는 물질을 발견하고 비타민B₆라는 이름을 부여하였던 게오르규(Paul Gyorgy)는 보아스와 별도로 1931년에 동물의 간에서 난백장애를 치료할 수 있는 물질을 발견하고 '비타민H'라고 명명하였다. 비타민H라는 이름은 독일어로 '피부(skin)'을 의미하는 'haut'라는 단어에서 따온 것이다.

1900년대 초부터 효모의 성장에 필요한 어떤 물질이 존재한다는 사실이 알려졌으며, 1935년에 독일의 화학자 프리츠 쾨글(Fritz Kögl) 등은 계란노른자로부터 이 물질을 결정형태로 분리해 내는 데 성공하고, 그리스어로 '생명'을 의미하는 '바이오스(bios)'에서 이름을 따와 '바이오틴(biotin)'이라고 명명하였다.

다른 많은 비타민처럼 비타민B7도 초기에 여러 과학자에 의해 명확하지 않은 상태로 발견되었으며, 그 때마다 다른 이름이 붙여져서 다양한 이름을 갖고 있다. 과거에 비타민B7을 지칭하던 용어로는 비타민H, 바이오스(bios), 비타민W, 조효소R(coenzyme R) 등이 있으며, 비타민B7이란 명칭은 후세의 과학자들에 의해 붙여진 것이다.

일부 과학자는 이노시톨(inositol)로 알려진 비타민B8 또는 비타민I를 비타민B7으로 부르기도 하였으며, 이 때문에 비타민B7과 비타민B8은 자주 혼동하여 사용된다. 이러한 혼동을 피하기 위하여 오늘날에는 비타민B7이란 명칭보다 바이오틴(biotin)이란 이름이 더 많이 사용된다('비오틴'이라고도 함).

바이오틴은 황(S)을 함유한 비타민으로 물과 알코올에 잘 녹으며, 열이나 빛에 안정하다. 1942년 쾨글 연구진과 미국의 생화학자인 빈센트 뒤 비뇨(Vincent Du Vigneaud) 등에 의해 바이오틴의 구조가 밝혀졌으며, 1943년 스탠튼 에이버리 해리스(Stanton Avery Harris) 등에 의해 최초의 합성이 이루어졌다.

바이오틴의 가장 중요한 역할은 체내 모든 기관에서 이루어지는 생화학반응에 필요한 물질인 카복실레이스(carboxylase)라는 효소를 활성화하는 작용이다. 예로서, 바이오틴은 포도당, 아미노산, 지방산 대사의 주요 단계에서 작용하는 4종류의 카복실레이스의 조효소로서 작용한다.

따라서 바이오틴이 부족하면 인체의 기본적인 생명 활동에 지장을 초래하게 된다. 또한 바이오틴은 면역기능에도 중요한 역할을 하고, 손발톱을 단단하게 하고 건강한 모발을 유지하는 작용을 하며, 피부염이나 비듬 등의 치료와 예방에도 사용된다. 그리고 바이오틴은 세포성장에 관여하는 유전자들의 발현을 조절하는 것으로 보고되었다.

바이오틴 결핍 시의 증상으로는 탈모, 피부염, 결막염, 우울증, 무기력증, 식욕부진 등이 있다. 또한 근육 조절 상실, 청력 손실, 시신경 위축, 호흡계 질환, 발달지체 등이 나타날 수 있다. 장기간 익히지 않은 난백을 섭취한 경우 경련, 환각, 사지감각 이상 등의 중추신경계 이상이 보고되기도 하였다.

계란의 흰자에는 아비딘(avidin)이라는 당단백질이 있으며, 이것은 바이오틴과 결합하여 바이오틴의 흡수를 방해하는 작용을 한다. 동물실험에서 생난백을 먹였을 경우 난백장애가 발생한 것은 아비딘이 바이오틴의 흡수를 방해하여 바이오틴 결핍을 유발하였기 때문이다.

이러한 난백장애는 동물뿐만 아니라 사람에게서도 나타난다. 그러나 아비딘은 열에 약하여 가열하면 불활성화되어 바이오틴 흡수에 영향을 주지 않으므로, 난백을 익혀서 먹으면 난백장애가 나타나지 않는다. 항생제나 항경련제 등의 약물을 장기간 복용하여도 바이오틴의 부족을 유발할 수 있다.

바이오틴은 동물성이거나 식물성이거나 대부분 음식에 적은 양일지라도 함유되어 있고, 인체 내에서 바이오틴 회로를 통하여 재사용될 수 있기 때문에 단순 결핍 증상은 거의 나타나지 않는다.

또한 필요 이상으로 섭취한 바이오틴은 배출되어 버리므로 과잉으로 섭취하는 것은 낭비일 뿐이다.

바이오틴이 많이 함유된 식품으로는 간, 난황, 우유, 콩, 밀, 견과류, 효모, 버섯 등이 있다. 육류, 채소류 및 과일류는 바이오틴의 좋은 급원이 아니다. 바이오틴은 대장에서 장내세균에 의해 합성되기도 하나, 바이오틴은 소장에서 흡수되기 때문에 장내세균이 합성한 바이오틴이 실제로 인체에 흡수·이용되는지는 의문이다.

식품에서 바이오틴은 유리 형태로 존재하거나 바이오시틴(biocytin)이라는 단백질과 결합된 조효소 형태로 존재한다. 바이오시틴은 바이오틴으로 분해된 후 흡수되며, 체내에서 효소 합성에 이용되거나 조직세포에 저장된다. 바이오틴의 대사 산물은 대부분 소변으로 배출되고 극히 일부만이 담즙을 통해 배출된다.

바이오틴에 대한 영양 섭취기준은 필요량을 제시할 수 있는 충분한 근거자료가 부족하기 때문에 평균필요량이나 권장섭취량 대신에 충분섭취량으로 설정되어 있다. 또한 바이오틴을 과량으로 복용하였을 경우에도 독성이 발생한다는 논문은 보고되지 않았기 때문에 상한섭취량도 정하지 않았다.

한국인의 바이오틴 영양상태는 과잉 섭취보다는 섭취 부족을 고려해야 할 정도인 것으로 파악되고 있다. 〈한국인 영양소 섭취기준〉에 의한 바이오틴의 일일 충분섭취량은 남녀 구분 없이 1세 미만 영아는 5~7㎍이고, 1~5세의 유아는 9~12㎍이며, 6~14세는 15~25㎍이다. 15세 이상은 30㎍이고, 수유부는 5㎍이 추가로 요구된다.

10
비타민B₉

1931년 영국의 혈액학자 루시 윌스(Lucy Wills)는 임신 중의 빈혈에 관한 연구를 하던 중 양조효모(brewer's yeast)에 들어있는 어떤 성분이 효과가 있다는 것을 알게 되었다. 그녀는 이 성분을 'Wills' factor'라고 불렀으며, 비타민B₉의 존재를 최초로 알린 계기가 되었다.

1941년 미국의 허셜 켄워시 미첼(Herschel Kenworthy Mitchell) 등은 시금치의 잎에서 비타민B₉을 결정(結晶) 형태로 추출하고, 라틴어로 '잎(leaf)'을 의미하는 'folium'에서 이름을 따와 '엽산(葉酸, folic acid)'이라고 명명하였다. 1943년 미국의 밥 스톡스태드(Bob Stokstad)가 엽산의 화학구조를 밝혔으며, 1946년 로버트 앤지어(Robert B. Angier) 등이 최초로 합성에 성공하였다.

비타민B₉은 여러 과학자에 의해 수없이 많은 이름이 붙여져서 모든 비타민 중에 가장 많은 이름을 가진 비타민이다. 과거에 다른 이름으로 불리다 비타민B₉으로 밝혀진 것에는 비타민Bc, 비타민M, 비타민U, Wills' factor, factor R, factor S, factor CF, factor LC, leucovorin, citrovoram factor, Lactobacillus casei factor 등이 있다.

현재에도 비타민B₉은 폴산(folic acid), 폴라신(folacin), 폴레이트
(folate) 등 여러 이름이 함께 사용되고 있으며, 국제적으로 가장 널
리 사용되는 것은 폴라신이다. 우리나라에서는 엽산(葉酸)이란 이
름이 일반적이다. 비타민B₉이란 이름은 엽산을 비타민으로 인정하
면서 나중에 붙인 이름이지만 별로 사용되지 않고 있다.

엽산은 원래 프테로일글루탐산(pteroylglutamic acid, PGA)이라는
화학물질을 의미하는 말이었으나, 오늘날에는 일반적으로 PGA와
그로부터 유래된 모든 유도체를 포함하는 용어로 사용된다. 엽산
은 프테리딘(pteridine), 파라아미노벤조산(para-aminobenzoic acid)
과 하나 이상의 글루탐산(glutamic acid)으로 이루어져 있다.

식품 중에는 다양한 형태의 유도체들이 있으며, 주로 2~8개의 글
루탐산이 연결된 프테로일폴리글루탐산(pteroylpolyglutamate)이다.
공업적으로 합성된 엽산은 글루탐산이 하나뿐인 프테로일모노글루
탐산(pteroylmonoglutamic acid)이다. 따라서 합성된 엽산은 식품 중
의 엽산보다 흡수율이 좋다.

영양 섭취기준을 이야기할 때에는 식이엽산해당량(dietary folate
equivalent, DFE)으로 표현하며, 합성된 엽산 1μg은 식품 중의 엽산
1.7μg에 해당한다(1μg의 합성 엽산=1.7μgDFE).

엽산은 세포 내에서 DNA, RNA 등 핵산의 합성에 조효소 형태로
관여하므로, 엽산이 부족하면 정상적인 세포분열에 지장을 초래하

게 된다. 또한 엽산은 히스티딘(histidine)의 분해, 세린(serine)과 글리신(glycine)의 상호전환, 호모시스테인(homocystein)으로부터 메싸이오닌(methionine)의 합성 등 아미노산 대사에 필수적인 비타민이다.

엽산은 체내에 필요한 여러 대사 과정에서 메틸기(methyl group)를 제공해 주는 중요한 역할을 하며, 호모시스테인은 메싸이오닌의 탈메틸화(脫methyl化)로 만들어지는 아미노산이다. 엽산이 부족하면 호모시스테인은 다른 물질로 전환되지 못하고 혈액 내에 쌓이게 된다. 호모시스테인의 농도가 높으면 심장마비와 뇌졸중의 위험이 증가하게 된다.

엽산은 비타민B$_{12}$의 협력자로서 적혈구의 합성을 도와 임신 중의 빈혈이나 소아의 영양장애로 인한 빈혈을 예방하는 데 효과가 있다. 엽산 결핍 시 나타나는 빈혈은 거대적아구성빈혈(巨大赤芽球性貧血, megaloblastic anemia)로서 허약감, 피로, 불안정, 가슴의 두근거림 등의 증세를 수반한다.

또한 엽산은 상처 회복이나 면역기능을 도와주고, 건강한 모발이나 피부를 유지하는 데도 중요하다. 엽산이 부족하면 무력감, 우울증, 건망증, 신경과민 등 중추신경계 증상이 나타난다. 만성적 엽산 결핍은 빈혈, 성장 부진, 체중감소, 소화기 장애, 활력 감소 등을 유발한다.

남성에게는 정상적인 정자의 생성이 저해 받을 수 있으며, 성욕이 감퇴하기도 한다. 여성의 경우 습관성유산과 같은 생식기 장애나 난산(難產)이 있을 수 있으며, 높은 유아사망률을 나타내기도 한다.

엽산은 시금치, 쑥갓 등의 푸른 잎 채소, 두류, 과일, 해조류 등에 많이 들어있으며, 여러 종류의 식품에 널리 존재하면서도 전 세계적으로 가장 결핍되기 쉬운 비타민으로 인식되고 있다. 그 이유는 식품 중에 존재하는 대부분 엽산이 매우 불안정하여 쉽게 손실되기 때문이다.

장기간 저장이나 고온처리 등의 가공•조리과정에서의 손실률이 95% 정도까지 이를 수 있으며, 소화흡수율도 50% 정도에 불과하다. 엽산은 수용성 비타민이기 때문에 과잉의 엽산은 소변으로 배출된다. 특히 엽산 결핍증에 걸리기 쉬운 사람은 임신부, 수유부, 경구피임약 등 약물 복용자, 알코올 의존자 및 영양이 부족하기 쉬운 노인 및 저소득자 등이다.

세포분열이 활발하게 일어나는 유아기, 성장기 및 일반 여성에 비하여 필요량이 매우 증가하는 임신부나 수유부의 경우 엽산이 부족하기 쉽다. 임신부의 엽산이 부족하면 유산, 조산, 기형아 출산 등 좋지 않은 결과가 발생하기 쉽다. 수유부의 엽산이 부족하면 유아의 정상적인 성장에 영향을 주게 된다.

한국인의 엽산 섭취량은 데이터베이스의 부족으로 정확한 실태를 파악하기 어려운 실정이다. 그러나 소규모로 실시된 대부분의 연구에서 혈청 중의 엽산 농도는 양호한 수준인 것으로 보고되었다. 평균적인 한국인의 경우 엽산 섭취의 부족보다는 과잉 섭취를 경계하여야 한다.

일반식품을 통한 엽산 섭취로는 유해한 영향이 나타나지 않으나, 강화식품 및 엽산보충식품을 통해 과량으로 섭취할 경우에는 부작용이 나타날 수 있다. 특히 비타민B$_{12}$가 부족한 사람이 엽산을 고용량 복용할 경우에는 신경증세가 촉진되거나 악화된다. 치료 목적으로 엽산을 복용하였을 때 과민반응이나 부작용을 나타냈다는 보고가 있으나, 엽산 자체가 신경계에 독성을 나타낸다는 명백한 증거는 없다.

〈한국인 영양소 섭취기준〉에 의한 엽산의 일일 권장섭취량(DFE/일)은 남녀 구분 없이 1~5세 유아는 150~180㎍이고, 6~14세는 220~360㎍이며, 15세 이상의 경우 400㎍이다. 임신과 수유 중에는 각각 220㎍과 150㎍이 추가로 요구된다.

1년 미만 영아의 경우 65~90㎍의 충분섭취량만 설정되어 있다. 상한섭취량은 1~5세 유아의 경우 300~400㎍이고, 6~18세의 경우 500~900㎍이며, 19세 이상 성인의 경우 1,000㎍이다(엽산의 상한섭취량은 보충제 또는 강화식품의 형태로 섭취한 ㎍/일에 해당함).

11
비타민B12

비타민B12는 지금까지 알려진 13개의 비타민 중에서 가장 최근에 발견된 것이다. 분자구조 내에 코발트(Co)를 함유하고 있어서 코발라민(cobalamin)이란 화학명으로 불리기도 한다. 황(S)과 인(P) 성분을 포함하고 있어 비타민 중에서 유일하게 붉은색을 띠고 있으므로 '빨간 비타민(the Red Vitamin)'이라는 별명으로 불리기도 한다.

비타민B12는 악성빈혈(惡性貧血, pernicious anemia)의 치료법을 찾는 과정에서 발견되었다. 악성빈혈은 정상적인 세포보다 비대해진 적아구(赤芽球)가 형성되어 발생하는 거대적아구성빈혈(巨大赤芽球性貧血, megaloblastic anemia)이며, 과거에는 이 빈혈에 걸리면 특별한 치료법이 없어 거의 사망에 이르게 되는 치명적 병이었기 때문에 '악성(惡性)'이란 수식어가 붙게 되었다.

1920년 미국의 병리학자 조지 호이트 휘플(George Hoyt Whipple)은 동물의 간을 섭취하면 악성빈혈이 치료될 수 있다는 가능성을 제시하였으며, 1926년 미국의 의학자 조지 리처드 마이넛(George Richards Minot)과 윌리엄 패리 머피(William Parry Murphy)는 동물의 생간을 섭취하면 악성빈혈을 치료할 수 있음을 밝혀내었다. 이들 3명은 이 공로로 1934년에 노벨 의학상을 공동으로 수상하였다.

그러나 비타민B12의 구조와 인체 내에서의 역할을 밝혀내는 데는 그로부터 수십 년이 경과되었다. 그 이유는 비타민B12와 엽산(비타민B9)은 상호 의존적이어서 엽산으로부터 비타민B12를 구분해내는 데 어려움이 있었기 때문이다. 엽산도 빈혈의 예방과 치료에 효과가 있으나, 오늘날에는 비타민B12가 주된 요인으로 여겨지고 있다.

1948년 영국의 어니스트 레스터 스미스(Ernest Lester Smith)와 미국의 애드워드 릭스(Edward L. Rickes) 등은 각각 독립적으로 비타민B12를 결정상으로 분리하는 데 성공하였다. 스미스는 이 물질에 '항악성빈혈인자(anti-pernicious anemia factor)'라는 이름을 붙였으며, 릭스 등은 비타민B12라고 불렀다.

비타민B12의 화학구조가 밝혀진 것은 1956년 영국의 도로시 메리 크로풋 호지킨(Dorothy Mary Crowfoot Hodgkin)에 의해서였다. 비타민B12에는 시아노코발라민(cyanocobalamin), 5-디옥시아데노실코발라민(5-deoxyadenosylcobalamin), 메틸코발라민(methylcibalamin) 등의 형태가 있으나 비타민B12라 하면 보통은 시아노코발라민을 의미한다.

비타민B12는 대단히 크고 복잡한 분자구조로 되어있어서 화학구조가 밝혀진 후에도 합성하기까지는 상당한 시간이 흘렀다. 최초의 합성은 1971년 미국의 로버트 번스 우드워드(Robert Burns Woodward)에 의해 이루어졌다.

비타민B12는 동물이나 대부분 식물은 합성하지 못하고 일부 미생물에 의해서만 생합성되며, 오늘날에도 비타민B12의 공업적 생산은 박테리아(*Streptomyces griseus*)를 이용한 발효공법을 활용하고 있다.

비타민B12는 물과 알코올에 잘 녹으며, 빛에는 약하나 열이나 산 또는 알칼리에는 비교적 안정하여 통상적인 조리과정에서 손실되는 일은 거의 없다. 비타민B12는 엽산의 작용에 보조적인 역할을 하므로, 비타민B12가 부족하면 엽산이 조효소로 변환되기 어렵기 때문에 엽산 결핍증세가 나타나게 된다.

비타민B12는 조효소로 작용하여 DNA 합성, 메싸이오닌의 합성, 조혈작용 등 여러 생화학반응에 관여한다. 결핍 증상으로는 악성빈혈을 비롯하여 신경장애, 체중 감소, 만성피로, 식욕부진, 위염, 위궤양, 변비 또는 설사 등이 나타난다. 최근에는 노화와 관련된 인지기능 저하, 청력저하, 알츠하이머, 우울증, 뼈 건강의 악화 등과도 관련성이 있다고 보고되어 새로운 주목을 받고 있다

비타민B12의 주된 급식원은 동물성 식품이며, 비타민B12는 미생물에 의해서 합성된 후 먹이사슬을 통하여 동물의 근육이나 내장 등에 축적된다고 알려져 있다. 동물의 간, 신장을 비롯하여 육류, 어패류, 난류, 우유 및 유제품에 많이 들어있다. 식물성 식품에는 거의 포함되어 있지 않으나 김, 미역, 다시마 등의 해조류에는 소량 함유되어 있다.

비타민B12는 크고 복잡한 구조를 가진 물질이므로 식품 중의 비타민B12가 우리 몸속으로 흡수되기 위해서는 복잡한 여러 단계를

거치게 된다. 흡수되는 비율은 섭취한 비타민B12가 많을수록 낮아진다. 예를 들어 0.5㎍ 이하를 섭취하였을 때는 약 70%가 흡수되지만 100㎍을 섭취하면 흡수율은 약 1%로 떨어진다고 한다.

비타민B12는 소량만 있어도 되기 때문에 일상적인 식생활로도 충분히 섭취할 수 있다. 그러나 비타민B12는 대부분 동물성 식품에 포함되어 있으므로 채식주의자와 같이 동물성 식품을 거의 먹지 않는 사람은 비타민B12의 결핍이 발생하기 쉽다.

노인, 환자, 심한 다이어트를 하는 사람 등도 영양불량과 함께 비타민B12 부족의 가능성은 커진다. 또한 위나 소장 하부를 절제하면 비타민B12의 흡수 불량으로 결핍이 올 수 있으며, 만성 알코올의존도 결핍 요인이 될 수 있다.

비타민B12가 부족한 경우에는 비타민B12 보충제를 복용하여야 한다. 일반 식품이나 영양보조제에 들어있는 수준의 비타민B12 함량은 인체에 유해한 영향을 주지 못하며, 다량 섭취를 통한 독성사례도 보고된 바 없어서 상한섭취량은 설정되어 있지 않다. 그러나 비타민B12를 과량으로 섭취하면 소화흡수율이 낮아지며, 여분의 비타민B12는 배출되므로 권장섭취량 이상으로 많이 섭취할 필요는 없다.

〈한국인 영양소 섭취기준〉에 의한 비타민B12의 일일 권장섭취량은 남녀 구분 없이 1~5세 유아의 경우 0.9~1.1㎍이고, 6~14세의 경우 1.3~2.3㎍이며, 15세 이상은 2.4㎍이다. 임신과 수유 중에는 각각 0.2㎍과 0.4㎍이 추가로 요구된다. 1년 미만 영아의 경우는 0.3~0.5㎍의 충분섭취량만 설정되어 있다.

비타민C

비타민C가 발견된 계기는 신대륙을 찾기 위한 탐험과 항해의 역사에서 비롯되었다. 오랜 기간 바다에서 생활하던 선원들에게서 잇몸이나 구강 점막의 출혈로 입에서 피를 흘리며 죽는 병이 발생하였으며, 이 질병을 괴혈병(壞血病, scurvy)이라고 불렀다.

인도 항로를 개척한 포르투갈의 모험가 바스코 다 가마(Vasco da Gama)가 1497년 리스본항을 출발할 때는 170명이었으나, 무사히 귀국한 선원은 고작 55명이었으며, 대부분 괴혈병으로 사망하였다고 한다. 괴혈병은 바다를 항해하는 선원들에게 공포의 대상이었으며, 1747년 영국 해군의 군의관 제임스 린드(James Lind)가 선원들에게 오렌지와 레몬을 공급함으로써 괴혈병을 막는 데 성공하였다.

1919년 영국의 드럼몬드(Jack Cecil Drummond)는 기니피그(guinea pig: 속칭 '모르모트')를 이용한 실험에서 오렌지 추출물로 괴혈병이 치료됨을 확인하고, 이 물질을 '수용성C'라고 이름 붙였다. 1920년 이 물질은 아민을 포함하고 있지 않았으므로, 1912년 풍크

(Casimir Funk)가 명명한 'vitamine'에서 'e'를 떼고 'vitamin'이라고 부르자고 제안하며, '수용성C'를 '비타민C'라고 명명하였다.

1928년 헝가리의 알베르트 폰 셴트 죄르지(Albert von Szent Gyor-gyi)는 소의 부신(副腎) 및 오렌지, 양배추 등에서 6탄당의 산성 물질을 분리하여 획득하고 헥수론산(hexuronic acid)이라고 명명하였다. 그 후 1932년 이 물질이 비타민C임을 확인하고 항괴혈병이라는 의미에서 아스코브산(ascorbic acid)이라고 명명하였다. 이것은 라틴어로 괴혈병을 뜻하는 'scorbia'와 '반대' 또는 '대항'을 의미하는 'a'를 합친 것이다.

비타민C의 화학식은 '$C_6H_8O_6$'로 비교적 단순하며, 1933년 영국의 화학자 월터 노먼 호어스(Walter Norman Haworth)에 의해 화학구조가 밝혀졌다. 같은 해인 1933년 호어스와 스위스의 화학자 타데우시 라이히슈타인(Tadeus Reichstein)은 각각 독자적으로 비타민C를 합성하는 데 성공하였다.

1934년 라이히슈타인은 자신의 합성법을 개량하여 발표하였으며, 현재에도 약간의 변화는 있지만 기본적으로 라이히슈타인의 합성법에 따라 비타민C를 제조하고 있다. 합성 비타민C보다 천연 비타민C가 더 좋다고 생각하는 사람도 있으나, 천연 비타민과 합성 비타민은 구조적으로 똑같으며 기능 면에서도 차이가 없다.

비타민C는 건조한 상태에서는 안정하나 습한 공기 중에서는 쉽게 산화한다. 열이나 알칼리에 불안정하여 쉽게 파괴되는 성질을 가지고 있고, 수용성이어서 물에 녹아 나오기 쉬우므로 요리나 식품 가공 중에 손실되기 쉽다. 일반 식품 가공에서는 과일이나 채소의 갈변(褐變)이나 향이 변하는 산화반응을 억제하는 데 사용하며, 건강기능식품에서는 주로 영양보충제로 사용된다.

비타민C는 영양보충제 중에서 가장 널리 알려져 있고, 많이 팔리는 제품이다. 비타민C는 건강에 필수적이라는 것이 상식처럼 퍼져 있고, 요즘도 비타민C와 건강에 관한 이야기는 매스컴의 좋은 소재로 자주 등장하고 있으나, 지금까지도 효능이나 부작용에 대한 논란이 계속되고 있는 것이 현실이다.

비타민C가 유명해지게 된 데에는 미국의 물리화학자 라이너스 폴링(Linus Pauling)의 영향이 크다. 그는 1954년에 노벨 화학상을 받았으며, 1962년에는 노벨 평화상을 수상하였다. 비타민C는 그의 전공 분야도 아니었으나, 노벨상을 두 차례나 수상한 저명인사였기 때문에 그가 1970년에 저술한 『비타민C와 감기(Vitamin C and the Common Cold)』라는 책은 일반대중에게 비타민C의 효과를 신봉하게 하는 계기가 되었다.

그는 그 후에도 계속하여 다량의 비타민C가 건강을 증진하고 심장병이나 암에 좋은 것은 물론 노화를 방지하는 효과도 있다고 주장하였다. 그의 이런 주장은 '비타민C 메가도스(mega dose)법'이란 이름으로 전파되고 있다. 메가도스법이란 비타민C를 고용량으로 복용하면 노화도 지연되고, 암도 예방되며, 면역력도 높아지는 등

무병장수할 수 있다는 주장이다.

메가도스법은 비타민C의 대중적 확산에 기여하였으나, 이 주장을 뒷받침하기 위한 여러 연구기관의 실험에서 비타민C를 다량으로 복용하여도 감기나 암에 효과가 있다는 것을 증명하지는 못하였다. 오히려 비타민C를 하루에 1,000㎎ 이상 섭취하면 메스꺼움, 구토, 복통, 설사 등의 증상이 나타나기도 하며, 신장질환이 있는 환자의 경우 신장결석 등의 부작용이 나타나기도 한다.

건강한 사람은 비타민C의 섭취량이 증가하면 흡수율은 저하되고, 신장에서 배설량이 증가되는 과정을 통해 신체의 비타민C 농도가 유지된다. 비타민C는 독성이 낮고 과량 섭취해도 심각한 유해효과가 나타나지 않으나, 체내에 머무르는 시간이 약 6시간 정도로 짧아서 적정량 이상의 비타민C는 모두 배출된다.

비타민C를 얼마나 섭취하여야 하는가에 대한 명확한 답은 현재까지 밝혀지지 않았다. 여러 기관에서 섭취권장량이 제시되고 있기는 하나, 비타민C의 필요량은 연령 또는 그 사람의 몸 상태에 따라 변한다. 또한 음주, 흡연이나 진통제, 항우울제, 항혈액응고제, 경구용 피임약, 스테로이드 계통의 약물 등을 복용하고 있는 경우에는 비타민C의 필요량이 증가한다.

비타민C의 적정 섭취량에 대한 논란이 있지만, 비타민C는 여전히 우리 몸에 꼭 필요한 성분이고, 우리 몸에서 다양한 기능을 하고 있다. 모든 식물과 대부분 동물은 체내에서 비타민C를 합성할 수 있으나, 사람의 경우에는 합성할 수 없으므로 반드시 섭취해야 하는 영양소이다.

일찍이 공포의 질병이던 괴혈병을 예방·치료할 수 있는 신비의 물질로 알려지기 시작한 비타민C는 강렬하고 상큼한 신맛으로 사람들의 뇌리에 깊이 새겨지게 되었다. 비타민C는 메가도스법의 진실에 대한 공방으로 다른 어떤 비타민보다도 연구논문이 많이 발표되기도 하였다.

비타민C의 역할 중에서 가장 중요한 것은 콜라겐(collagen)의 합성이다. 피부, 뼈, 인대 등 모든 조직은 결합조직이 완전해야 튼튼해질 수 있으며, 콜라겐은 체내 단백질의 연결물질로서 세포를 접합시키는 결합조직의 역할을 하고, 손상된 상처의 치유를 빠르게 한다.

비타민C가 부족하면 결합조직의 형성에 결함을 가져와 신체의 각 부위에서 출혈이 나타난다. 결핍 초기에는 잇몸에 염증이 생기거나 지혈 능력이 저하되며, 결핍이 지속되면 괴혈병이 유발된다. 괴혈병이란 세포의 콜라겐이 부족하여 모세혈관의 벽이 약해져서 압력을 받는 부분이 파괴되어 출혈이 발생하는 상태이다.

비타민C는 노아드레날린(noradrenaline)의 합성에도 관여한다. 노아드레날린은 노르에피네프린(norepinephrine)이라고도 한다. 교감신경계에서 신경전달물질로 작용하기도 하고 스트레스 호르몬으로도 작용하는 물질로서 감정 조절을 위한 뇌의 기능에 필수적인 성분이며, 혈관의 수축에도 관여한다. 노아드레날린이 부족하면 주의력 결핍 및 과잉행동 장애, 우울증, 저혈압 등이 나타난다.

비타민C는 라이신(lysine)으로부터 카니틴(carnitine)이 생합성되는 과정에 관여한다. 지방을 에너지로 바꾸기 위해서는 지방산을 세포 내의 미토콘드리아로 옮겨야 하는데, 카니틴은 지방산을 미토콘드리아로 전달하는 역할을 한다. 카니틴이 부족하면 만성피곤증이 나타난다.

비타민C는 생체 내 대사 과정에서 생성되는 활성산소를 제거하는 항산화제로 작용하여 노화를 예방하고 면역기능을 보호한다. 또한 강력한 항산화제인 비타민E의 항산화 작용을 돕는 작용도 하므로, 비타민E와 함께 복용하면 더욱 항산화 효과가 증가하게 된다.

이외에도 비타민C는 철분의 흡수를 촉진하고, 타이로신(tyrosine)의 합성이나 트립토판(tryptophan)의 대사를 도와주며, 갑상샘 호르몬인 티록신(thyroxine)의 합성에도 관여하고, 콜레스테롤을 담즙산으로 전환하는 것을 촉진함으로써 혈중 콜레스테롤 농도를 낮추어준다.

또한 비타민C는 면역기능에서도 중요한 역할을 하고, 천식을 완화하며, 위장 내 헬리코박터균의 독성을 완화해 주고, 체내에 축적된 중금속의 농도를 떨어뜨린다는 논문 등이 발표되었으나, 아직은 좀 더 연구가 필요한 과제로 남아있다. 암에 대한 비타민C의 효과에 대하여는 찬성과 반대의 논문이 지금도 쏟아져 나오고 있어 아직 결론을 내리지 못하고 있다.

〈건강기능식품공전〉에는 과학적으로 확실한 효능이 확인된 것만 기능성 내용으로 표기할 수 있도록 하고 있으며, 여기에는 "결합조직 형성과 기능유지에 필요", "철의 흡수에 필요", "항산화 작용을 하여 유해산소로부터 세포를 보호하는데 필요" 등만 인정하고 있다.

비타민C는 레몬, 귤, 딸기, 피망, 파프리카, 시금치, 양배추, 브로콜리 등 각종 과일이나 야채에 많이 포함되어 있고, 오렌지주스와 같은 일반 가공식품에서도 항산화제로 첨가된 제품이 많이 있으므로 특별히 주의를 기울이지 않아도 결핍증이 나타나는 일은 드물다.

한국인이 일반 음식으로 섭취하는 비타민C의 90% 이상은 채소류와 과일류에서 얻고 있는 것으로 조사되었다. 한국인에 대한 영양평가에서도 일반적인 사람의 경우 권장섭취량 이상의 비타민C를 섭취하고 있는 것으로 나타나 별도로 비타민C 영양제를 복용할 필요는 없는 것으로 파악되었다.

〈한국인 영양소 섭취기준〉에 따른 일일 권장섭취량은 남녀 구분 없이 1~5세 유아의 경우는 40~45mg이고, 6~14세는 50~90mg이며, 15세 이상에서는 100mg이다. 임신부와 수유부는 각각 10mg과 40mg이 추가된다.

1년 미만 영아의 경우 권장섭취량이나 상한섭취량에 대한 기준은 없고 충분섭취량만 40~55mg으로 설정되어 있다. 상한섭취량은 1~5세 유아의 경우는 340~510mg이고, 6~18세 청소년의 경우는 750~1,600mg이며, 19세 이상 성인의 경우는 2,000mg이다.

13
비타민D

비타민D는 인체에서 합성되므로 오늘날의 기준으로 보면 비타민
이라기보다는 호르몬으로 분류되어야 하는 물질이다. 그러나 발견
의 역사적인 배경으로 인해 비타민이라는 명칭을 얻었으며, 인체에
서 합성되는 양만으로는 충분하지 못하고 음식으로 보충하여야 하
므로 여전히 비타민으로 인정되고 있다.

비타민D는 칼시페롤(calciferol)이라고도 하며, 현재까지 D_2에서 D_7
까지 6종이 발견되었으나 그중에서 생물학적 활성이 높은 것은 D_2
와 D_3뿐이고, 특히 D_3가 활성이 높아 일반적으로 비타민D라고 부르
는 것은 비타민D_3를 말한다. 비타민D_1은 단일물질이 아니라 혼합물
임이 밝혀져, 현재는 비타민D_1이란 용어는 사용되지 않고 있다.

비타민D는 구루병(佝僂病, rickets)의 치료법을 찾는 과정에서 발견
되었다. 구루병은 등이 굽거나 다리가 휘는 등 뼈에서 변형이 일어
나고, 성장 장애가 발생하여 심하면 사망에까지 이르는 질병이다.
구루병은 17세기 중반부터 알려지기 시작하였으며, 18세기에는 많

은 어린이가 이 병으로 사망하였다.

20세기 초에 비타민의 존재가 알려지면서 과학자들은 구루병을 치료할 수 있는 물질이 식품 중에 있을 가능성에 주목하였으며, 마침내 1919년 영국의 에드워드 멜란비(Edward Mellanby)는 대구의 간유가 구루병에 효과가 있음을 밝혀내었다. 그는 이 구루병에 효과가 있는 성분이 그 당시 지용성 비타민으로 알려져 있던 물질일 가능성이 있다고 주장하였다.

멜란비의 연구 결과를 토대로 1922년 미국의 맥컬럼(Elmer Verner McCollum)은 자신이 쥐의 성장에 꼭 필요한 영양소라 하여 '지용성 A'라고 명명하였던 물질에서 구루병에 효과가 있는 또 다른 물질을 분리해 내고, 그 당시까지 비타민으로 알려진 A, B, C 등의 뒤를 이어 '비타민D'라고 제안하였다.

한편 자외선이나 햇볕을 쪼이면 구루병을 예방 및 치료할 수 있으며, 동식물 유지(油脂)에 자외선을 조사하면 항구루병인자(antirachitic factor)가 생성된다는 사실이 1920년을 전후하여 여러 과학자에 의해 보고되었다. 마침내 1927년 독일의 아돌프 오토 라인홀트 빈다우스(Adolf Otto Reinhold Windaus)는 자외선에 의해 비타민D로 변하는 어고스테롤(ergosterol)이란 물질을 발견하였다.

어고스테롤은 효모나 버섯류에 많이 들어있으며, 인체 내에서 비타민D$_2$로 전환될 수 있으므로 프로비타민D(provitamin D)라고도 불린다. 비타민D$_2$의 화학구조는 1931년 영국의 프레데릭 앤더튼 어스큐(Frederic Anderton Askew)에 의해 규명되었으며, 어고스테롤로부터 합성되므로 어고칼시페롤(ergocalciferol)이라고도 부른다.

피부에 많이 저장되어 있으며, 햇빛의 도움을 받아 비타민D_3로 전환될 수 있는 7-디하이드로콜레스테롤(7-dehydrocholesterol)도 프로비타민D로 불린다. 비타민D_3는 콜레스테롤로부터 합성되므로 콜레칼시페롤(cholecalciferol)이라고도 부른다. 비타민D_3의 화학구조는 1936년 빈다우스에 의해 밝혀졌다.

비타민D_2는 대부분 인공적으로 합성되어 식품에 첨가되는 형태이고, 비타민D_3는 사람의 피부에서 합성되거나 주로 동물성 식품으로부터 섭취되는 형태이다. D_2와 D_3 모두 인공적인 합성이 가능하여 영양보충제나 비타민D 강화식품에 사용되기도 한다. 비타민D는 급원과 관계없이 모두 호르몬 형태로 전환된 이후부터 그 기능을 할 수 있다.

비타민D의 주요 기능은 혈액 중의 칼슘(Ca)과 인(P)의 농도를 정상적으로 유지하고 뼈를 튼튼하게 만드는 것이다. 비타민D는 소장에서 칼슘과 인의 흡수를 돕고, 뼈에 칼슘을 비롯한 무기물들이 침착되는 것을 촉진해 골격이 형성되는 것을 도우며, 골아세포(骨芽細胞, osteoblast)에 의한 칼슘의 재흡수와 신장에서의 칼슘 재흡수를 증대시킨다.

인체는 혈액 중의 칼슘이나 인이 부족해지면 뼈에 저장된 칼슘과 인이 이동하여 평형을 이루게 한다. 비타민D가 부족하면 혈액의 칼슘과 인의 농도가 낮아지며, 뼈에서 이들 성분이 빠져나가 골격이 약해지면 체중의 압력을 이기지 못하여 휘게 된다. 성장하는 어린이에게 이런 증상이 나타나는 것이 구루병이며, 성인에게서 나타나면 골연화증(骨軟化症)이라고 한다.

뼈가 딱딱하지 않고 물렁물렁해지는 골연화증과는 달리 뼈의 밀도가 낮아지고 구조가 엉성해져 강도가 약해지는 것은 골다공증(骨多孔症)이라고 한다. 골다공증은 '뼈엉성증'이라고도 하며, 특히 폐경 이후의 여성에서 많이 나타난다. 골연화증이나 골다공증이 있으면 작은 충격에도 쉽게 뼈가 부러질 수 있다.

최근에는 비타민D가 암세포의 성장을 억제하고 세포의 분화를 촉진하는 역할을 하며, 면역기능에도 관여하는 것으로 알려졌다. 심혈관계 질환, 고혈압, 당뇨, 대사증후군 등과 관련되었을 가능성이 보고되었으며, 비타민D 결핍은 정신질환의 악화를 일으킬 수 있다.

비타민D는 장기간에 걸쳐 과다하게 섭취하면 과잉증이 유발된다. 일상적인 식사로는 과다 섭취가 될 수 없고, 비타민 보충제 등으로 비타민D를 너무 많이 섭취할 때 일어날 가능성이 있다. 과잉 증세로는 두통, 구토, 식욕 감퇴, 심장박동 이상, 석회증(石灰症), 신장결석, 성장 지연 등이 있다.

비타민D는 주로 간에 저장되지만, 피부, 폐, 뇌, 뼈 등 신체의 모든 부분에도 저장된다. 비타민D 대사산물들의 체내 반감기는 큰 차이를 보이며, 체내 평균 수명은 약 2개월이다. 비타민D는 주로 담즙을 통하여 대변으로 배설되며, 극히 소량이 소변으로 배출되기도 한다.

비타민D는 햇빛을 받아 피부에서 합성되는 것과 식품으로 섭취하는 두 가지 경로를 통하여 공급된다. 식품의 경우 비타민D가 함유된 것을 직접 섭취할 수도 있으며, 비타민D$_3$는 콜레스테롤로부터 합성할 수 있으므로 콜레스테롤이 많이 함유된 간, 계란노른자, 버터 등의 동물성 식품을 섭취하여 간접적으로 보충할 수도 있다.

건강한 사람의 경우 햇볕을 충분히 쬐면 비타민D를 따로 섭취할 필요가 없다. 그러나 바깥출입이 적은 노인이나 햇빛이 닿지 않는 지하실이나 사무실에서 오랜 시간 근무하는 등 햇볕을 쬐는 시간이 부족하면 피부에 의한 비타민D의 합성이 충분하지 못하므로 식품으로 보충해주어야만 한다.

햇빛에서 효과가 있는 것은 파장 270~300㎚ 정도의 자외선(紫外線)이며, 유리창은 이 범위의 자외선을 차단하므로 유리창을 통해 들어온 햇빛은 비타민D를 거의 생성하지 못한다. 최근에는 공해에 의한 대기오염으로 햇빛이 차단되어 비타민D의 합성이 방해받기도 한다.

종전에는 야외에서 활동하는 시간이 길고, 공기도 맑아서 충분히 햇볕을 쬐었으므로 비타민D의 영양 상태는 큰 관심의 대상이 아니었다. 그러나 오늘날에는 비타민D가 부족한 사람의 비율이 높아졌으며, 결핍 위험이 증가함에 따라 비타민D 섭취에 관한 관심도 증가하고 있다.

비타민D가 많이 함유된 식품으로는 등 푸른 생선, 계란노른자, 우유 및 유가공품, 버섯류 등이 있으며, 비타민D가 첨가된 가공식품도 주요 급식원이 된다. 비타민D는 지용성이므로 지방 성분과 함께 섭취하면 흡수가 잘 된다. 비타민D는 열, 햇빛, 산소 등에 비교적 안정하므로 식품의 저장, 조리, 가공 중에 파괴되는 경우는 거의 없다.

비타민D는 햇빛에 의해 피부에서 합성되는 양과 식품으로 섭취되는 양을 구분하기가 어렵고, 피부에서 합성되는 비타민D의 양은 다양한 요인들의 영향을 받기 때문에, 식품을 통한 섭취기준은 권장섭취량 대신 충분섭취량으로 제시되고 있다. 비타민D의 섭취기준은 비타민D_2와 비타민D_3를 구별하지 않고 전체 비타민D를 합계한 양으로 산정한다.

〈한국인 영양소 섭취기준〉에 의한 비타민D의 일일 충분섭취량은 남녀 구분 없이 11세 이하의 경우는 5㎍이고, 12~64세의 경우는 10㎍이며, 65세 이상 노인의 경우는 15㎍이다. 상한섭취량은 1년 미만 영아의 경우는 25㎍이고, 1~5세 유아의 경우는 30~35㎍이며, 6~11세의 경우는 40~60㎍이고, 12세 이상은 모두 100㎍이다.

14
비타민E

1922년 미국의 유전학자인 허버트 맥클레인 에반스(Herbert McLean Evans) 등은 쥐를 이용한 시험에서 식물성기름에 있는 어떤 물질을 먹이로 주었을 때만 건강한 새끼를 낳는다는 사실을 발견하고, '항불임인자(anti-sterility factor)'라고 하였다. 그 후 1925년 에반스는 이 물질에 그때까지 알려진 비타민D의 뒤를 이어 '비타민E'라는 명칭을 부여하였다.

1936년 에반스는 밀의 배아(胚芽)에서 추출한 기름에서 비타민E를 최초로 분리해내고, 토코페롤(tocopherol)이라는 이름을 붙였다. 이는 그리스어로 '출산'을 의미하는 'tocos'와 '가져오다'라는 뜻의 'pherein', 그리고 알코올을 의미하는 접미어 '-ol'을 붙여 합성한 말이다.

그 후 여러 과학자에 의해 비타민E는 한 가지 물질이 아니며, 토코페롤(tocopherol)과 토코트리에놀(tocotrienol)의 두 종류가 있다는 것이 알려졌다. 이들은 다시 각각 알파(α), 베타(β), 감마(χ), 델타(δ) 등 네 종류로 구분되며, 비타민E란 이 여덟 가지 화합물을 총칭하는 표현이다.

이 중에서 가장 흔하고 활성이 큰 것이 알파토코페롤(α-tocopher-ol)이다. 보통 토코페롤이라 하면 알파토코페롤을 의미하며, 비타민 E의 대명사처럼 사용된다. 알파토코페롤의 화학구조는 1938년 독일의 화학자인 에르하르트 페른홀츠(Erhard Fernholz)에 의해 최초로 규명되었으며, 같은 해 카러(Paul Karrer) 등에 의해 합성되었다.

비타민E는 쥐의 생식능력에 중요한 역할을 하여 항불임인자(抗不妊因子), 토코페롤 등의 이름을 얻었으나, 사람에 있어서는 생식과 관련하여 필수적이라는 증거가 입증되지 않았다. 오늘날 비타민E에 관한 연구는 주로 생체 내 항산화 작용에 관한 것이며, 산화방지제의 기능이 가장 중요하게 여겨지고 있다.

인체 내에서는 활동 및 생명 유지를 위하여 다양한 화학반응이 이루어지며, 그 부산물로서 활성산소(活性酸素, oxygen free radical)를 생성하게 된다. 이 활성산소는 유해산소(有害酸素)라고도 하며, 인체 내에서 바람직하지 않은 산화작용을 일으켜 세포막, DNA 등의 구조를 파괴하게 된다. 비타민E는 이런 활성산소를 제거함으로써 세포막 등을 보호하는 역할을 한다.

비타민E는 세포막이 손상되는 것을 방지함으로써 노화를 지연시키고, 신경계 및 순환계 질환을 예방하며, 면역기능 및 암 예방 효과까지 발휘한다. 그 외에도 적혈구에 들어있는 혈색소로서 산소를 운반하는 역할을 하는 헤모글로빈(hemoglobin)의 색소 부분인 헴(heme)의 합성에 필요하고, 혈소판(血小板)의 응집에도 관여하며, 혈액순환을 촉진한다.

비타민E는 우리 몸속에서의 역할 외에도 습진, 피부염 등에 효과가 있는 것으로 알려져 피부 연고제의 원료로 사용된다. 또한 피부 노화를 방지하고, 피부의 탄력을 유지하며, 보습 효과 및 모발의 성장 촉진 효과 등이 있어 화장품의 원료로도 널리 이용된다.

보통의 경우 사람에게 있어서 비타민E의 결핍증은 거의 나타나지 않으며, 일상적인 식사를 통하여 충분한 양을 섭취하고 있는 것으로 보인다. 비타민E 영양 상태는 혈청 α-토코페롤 농도를 기준으로 0.5mg/dℓ 이상이면 정상으로 간주하는데, 한국인에 대한 여러 차례의 조사 결과에서 모두 이 수준을 넘는 것으로 나타났다.

비타민E는 인체에 저장된 양이 많아서 상당 기간 비타민E가 부족한 식사를 하여도 결핍 증상이 나타나지 않는다고 한다. 그러나 어떤 이유로든 비타민E가 결핍되면 노화현상의 촉진, 동맥경화, 신경세포 손상, 근육 위축, 용혈성빈혈 등의 증상이 나타난다.

다른 지용성 비타민에 비하여 비타민E는 독성이 아주 적은 비타민으로 과잉증이 거의 없는 것으로 알려져 있다. 그러나 비타민 보충제의 형태로 과량의 비타민E를 장기 복용하였을 때는 두통, 피로, 위장장애, 혈액 응고 억제 등의 부작용이 나타날 수 있다.

비타민E가 많은 식품으로는 식물성기름, 계란노른자, 녹황색 야채, 곡류의 배아 등에 있다. 비타민E는 열과 산에 안정하고, 지용성이어서 물에 녹지 않으므로 통상적인 요리 시의 손실은 거의 없는 편이다. 그러나 기름이 산패하거나 고온에서 장시간 가열하면 산화되어 손실되고 만다.

비타민E의 섭취기준은 아직 한국인을 대상으로 한 관련 자료가 충분하지 않아서 권장섭취량이 아닌 충분섭취량으로 설정되어 있다. 비타민E의 8가지 화합물은 생리적 활성이 다르므로 섭취기준은 알파토코페롤로 환산한 알파토코페롤당량(α-tocopherol equivalent, α-TE)으로 설정되었다.

〈한국인 영양소 섭취기준〉에 의한 비타민E의 충분섭취량(α-TE/일)은 남녀 구분 없이 1년 미만 영아의 경우는 3~4mg이고, 1~5세 유아의 경우는 5~6mg이다. 6~14세는 7~11mg이고, 15세 이상은 12mg이며, 수유부는 3mg이 추가로 요구된다. 상한섭취량은 1~5세 유아의 경우는 100~150mg이고, 6~18세는 200~500mg이고, 19세 이상 성인은 모두 540mg이다.

15
비타민K

비타민K의 결핍 증상은 1929년 덴마크의 생화학자 카를 페테르 헨리크 담(Carl Peter Henrik Dam)에 의해 처음 발견되었다. 그는 닭의 콜레스테롤 대사에 관한 연구를 하던 중 병아리에게 지방(脂肪)을 제거한 사료를 제공하였을 때 피하출혈과 혈액 응고가 지연되는 현상을 발견하였다.

그는 이에 관한 연구를 지속하여 1935년 이들에게 콩과식물인 알파파(alfalfa)나 돼지의 간을 먹였더니 출혈 증상이 사라지는 것을 밝혀내고, 이 항출혈인자(anti-hemorrhagic factor)에 덴마크어 또는 독일어로 '응고(凝固)'를 의미하는 'koagulation'의 첫 글자를 따서 '비타민K'라는 이름을 붙였다.

1939년 3월 담은 알파파로부터 최초로 비타민K_1을 분리해 내었으며, 같은 달에 미국의 에드워드 애들버트 도이지(Edward Adelbert Doisy)의 연구팀에서는 어분(魚粉, fish meal)으로부터 비타민K_2를 분리하였다. 같은 해 도이지 등은 비타민K의 화학구조를 밝혀내고 비타민K_3의 합성에 성공하였다.

비타민K는 약간 노란색을 띠는 결정성 화합물로 열, 산소, 습기에는 안정하나 산, 알칼리 및 빛에는 불안정하여 쉽게 파괴된다. 지용성 비타민 중에서 마지막으로 발견된 비타민K는 식물에 존재하는 K_1(필로퀴논, phylloquinone), 미생물과 동물에 존재하는 K_2(메나퀴논, menaquinone), 인공적으로 합성한 K_3(메나디온, menadione) 등 세 종류가 있다.

필로퀴논(비타민K_1)은 식물에 의해 합성되고, 메나퀴논(비타민K_2)는 미생물에 의해 합성되며, 동물은 비타민K를 합성하지 못한다. 비타민K_1을 섭취한 동물은 비타민K_2로 전환하여 몸속에 저장하므로 동물성 식품에는 비타민K_2가 함유되어 있다. 비타민K_1과 비타민K_3는 섭취 후 체내에서 비타민K_2로 전환되어 사용된다.

비타민K의 가장 중요한 기능은 혈액 응고에 필요한 단백질 합성에 관여한다는 점이다. 비타민K가 결핍되면 혈액 응고가 지연되어 피하출혈, 내출혈 등이 나타나서 쉽게 멍이 드는 것을 비롯하여 코피, 잇몸출혈, 혈뇨, 혈변, 극단적인 생리혈 증가 등의 증상을 유발한다. 비타민K는 칼슘 대사에 관여하여 골밀도를 증가시키며, 비타민K의 결핍이 장기화될 경우 뼈의 약화, 골절, 골다공증의 발생 위험이 증가한다.

비타민K는 시금치, 양배추, 배추, 브로콜리 등 녹색 채소의 잎에 많이 포함되어 있어 주된 섭취원이 되며, 그 외에도 대두유, 카놀라유, 올리브유 등 일부 식물성유지 및 간, 계란노른자, 치즈 등 동물성 식품에도 들어있다. 대장에서 장내세균에 의하여 합성되기도 하나 체내로 흡수되는 양은 매우 적다.

일반적인 식사를 통하여 비타민K를 충분히 섭취할 수 있으므로 결핍이 발생하는 일은 드물다. 그러나 항생제 등의 약물을 장기 복용하는 경우, 소화기관의 기능 장애가 있어 지방흡수가 불량한 경우, 간질환이 있거나 만성적인 영양결핍이 있는 경우 등에는 결핍증이 나타날 수 있다.

또한 여성호르몬인 에스트로겐(estrogen)은 비타민K₁의 흡수를 촉진하기 때문에 일반적으로 여성은 남성보다 비타민K 결핍증이 발생하기 어렵다. 그리고 신생아의 경우에는 모유의 비타민K 함량이 낮고, 장내에 미생물도 거의 없는 상태이므로 결핍이 발생할 수도 있다.

비타민K는 다른 일반적인 지용성 비타민과는 달리 체내에 저장되지 않고 빠르게 배설되어 거의 독성을 보이지 않는다. 다만 인공적으로 합성한 비타민K₃는 매우 불안정하고, 유아에게 용혈성빈혈이나 황달을 일으킬 수도 있으므로 보통은 메나디온소듐바이설파이트(menadione sodium bisulfite, MSB)의 형태로 만들어 사용한다.

일반적으로 한국인은 비타민K를 부족하지 않게 섭취하고 있는 것으로 파악되고 있다. 비타민K의 섭취기준에 관한 연구가 충분하지 않아서 평균필요량이나 권장섭취량을 설정하지 못하였으며, 과잉 섭취에 따른 건강 위해가 보고된 바가 없어서 상한섭취량도 설정되지 않았다.

〈한국인 영양소 섭취기준〉에서는 충분섭취량만 제시되고 있다. 비타민K의 일일 충분섭취량은 1세 미만 영아의 경우는 4~6㎍이고,

1~5세 유아는 25~30㎍이다. 남자의 경우 6~14세는 40~70㎍이고, 5~18세에서 최고치를 보여 80㎍이며, 19세 이상은 75㎍이다. 여자의 경우 6~14세는 40~55㎍이고, 12세 이상은 모두 65㎍이다.

16
제외된 비타민

20세기 초에 처음으로 비타민이 발견되고, 이와 관련된 연구로 노벨상을 수상하는 사례가 나타나기도 하자 과학자들 사이에는 새로운 비타민을 찾아내는 경쟁이 일어났다. 그러나 처음에는 비타민에 대한 개념도 확립되어 있지 않았고 발견된 물질의 정확한 화학구조도 밝혀지지 않았기 때문에 혼동이 있었다.

발견 당시에는 비타민이라고 생각하여 비타민의 이름을 붙였으나, 그 후 추가적인 연구 결과 비타민의 일반적인 정의에 부합되지 않거나 이미 발견된 것과 동일한 것임이 밝혀져 비타민에서 제외되기도 하였고, 단일물질로 분리해 내는 데 실패하였거나 인체에 필요한 성분이라는 것을 증명하지 못하는 등의 이유로 제외되기도 하였다.

따라서 비타민의 이름 중에 빠진 알파벳도 많이 있고, 비타민B 복합체는 발견된 순서대로 1, 2, 3 등으로 이름을 붙였으나 중간에 비는 것도 많다. 현재는 13종만이 비타민으로 분류되고 있으며, 비타민의 이름 중에서 빠진 알파벳이나 번호는 다음과 같다.

● 비타민B₄: 발견 당시에는 비타민B의 일종으로 여겨 비타민B₄라는 이름으로 불렸으나, 연구가 진척됨에 따라 단일물질이 아니고 아데닌(adenine), 카니틴(carnitine), 콜린(choline) 등 별개의 화합물로 밝혀졌다. 이들은 인체 내에서 합성이 가능하고 비타민의 정의에 부합되지 않아 현재는 비타민으로 취급되지 않는다.

아데닌은 핵산인 DNA와 RNA에서 발견되는 5가지 주요 핵염기(核鹽基, nucleobase) 중 하나이며, 세포호흡을 포함한 생체 내의 여러 화학반응에 관여한다. 아데닌과 인산이 결합한 아데노신삼인산(ATP)은 생체 내의 여러 대사 과정에서 에너지원으로 사용된다.

카니틴('카르니틴'이라고도 한다)은 라이신(lysine)으로부터 생합성되고, 지방산 대사에 관여하는 중요한 물질이며, 근육과 간의 구성 성분이다. 결핍 시에는 심장 통증, 근육 무력증, 비만 등의 증상이 나타난다. 모유에 많이 포함되어 있으며, 대부분 분유에 영양강화제로 사용되고 있다. 지방 제거제라고 하여 다이어트 보조식품으로도 판매되고 있다.

콜린은 아미노산인 메티오닌(methionine)이나 세린(serine)으로부터 만들어질 수 있으며, 지방질의 합성과 운반에 중요한 역할을 하고, 세포막의 구성 성분인 레시틴(lecithin)을 만드는 재료가 된다. 콜린은 지방간을 예방하며, 신경 기능, 정상적인 뇌 발달, 근육 운동, 신진대사 등을 돕는다.

● 비타민B₈: 비타민B의 일종으로 간주되어 비타민B₈이라고 불렸으며, 후에 이노시톨(inositol)로 밝혀졌다. 일부 과학자는 비타민B₇로 알려진 바이오틴(biotin)을 지칭하는 용어로 사용하기도 하였으며, 따라서 일부 문헌에서는 비타민B₈을 바이오틴이라고도 한다. 이노시톨은 포도당과 유사한 구조를

갖는 화합물로서 체내에서는 포도당으로부터 합성할 수 있기 때문에 비타민에서 제외되었다.

이노시톨은 세포막을 구성하는 인지질의 구성 성분으로 성장촉진 작용을 한다. 또한 다양한 호르몬, 신경 전달 물질을 합성하는 과정에 관여하고, 지방의 연소 및 저장, 스트레스 반응 등에 관여한다. 특히 배란에 영향을 미치는 호르몬을 만드는 데 사용되어 여성영양제로도 잘 알려져 있다.

● 비타민B_{10}: 닭의 성장에 관여하는 인자(factor R)로 여겨지던 것이었으며, 후에 엽산(비타민B_9)과 비타민B_{12}를 포함한 혼합물임이 밝혀졌다. 일부 과학자들은 파라아미노벤조산(para-aminobenzoic acid)을 지칭하는 용어로 사용하기도 하였다. 파라아미노벤조산은 체내에서 엽산이 활성화되는 데 필수적이며, 체내 대사를 통해 엽산 유도체로 전환되는 물질로 밝혀져 비타민에서 제외되었다.

● 비타민B_{11}: 비타민B_{10}과 마찬가지로 병아리의 성장에 관여하는 인자로 여겨져 'factor S' 또는 '비타민S'로 불리기도 하였으나, 후에 비타민B_1(thiamine)과 비타민B_9(엽산)의 혼합물로 밝혀져 비타민에서 제외되었다.

● 비타민B_{13}: 1904년 미생물의 증식과 쥐의 성장촉진인자로서 우유에서 처음 발견되었고, 1948년에 단일물질로 분리되어 비타민B_{13}로 명명되었으나, 체내에서 합성할 수 있으며 뉴클레오타이드(nucleotide)의 대사중간체인 오로트산(orotic acid)임이 확인되어 비타민에서 제외되었다.

오로트산은 DNA와 RNA 등 핵산의 합성에 관여하며, 세포의 재생과정을 도와 노화를 방지하고, 당질을 에너지로 바꾸는 효소를 체내에서 합성할 때 중간물질로서 작용한다. 특히 다발성경화증 치료에 특효가 있는 것으로 알려져 있으며, 간 기능을 돕는 작용이 있어 간장 치료약으로도 사용된다.

- 비타민B_{14}: 1949년 골수세포의 증식인자로 성장에 관여하며 결핍 시 빈혈을 일으키는 물질로 여겨져 비타민B_{14}이라고 불렀으나, 단일물질로 분리하는 데 실패하였고, 추가 실험 결과 관련성이 없어 비타민에서 제외되었다. 비타민B_{10}이나 비타민B_{11}과 유사한 것이었을 가능성도 제기되고 있다.

- 비타민B_{15}: 1951년 살구의 씨에서 발견되었으며, 항산화 작용이 있어 활성산소로부터 세포를 보호하고, 면역력을 향상시켜 주는 것으로 알려져 있다. 비타민B_{15}은 판가민산(pangamic acid)이라고도 하는데, 판가민산은 아직까지 단일 화합물로 분리해내지 못하였고, 시중에 판매되고 있는 판가민산이란 이름이 붙은 제품들의 화학적 조성은 다양하다.

  비타민B_{15}은 주로 러시아의 과학자들에 의해 연구되고 있으며, 부족할 경우 두통, 만성피로, 간 기능 장애, 신경조직 장애, 심장병 악화 등이 나타난다고 알려져 있다. 그러나 식사를 통해서 꼭 섭취하여야 된다는 것이 입증되지 않았으며, 인체에서 필요한 영양소라는 증거가 없어서 비타민으로 인정받지 못하고 있다.

- 비타민B_{16}: 디메틸글리신(dimethylglycine)을 의미하며, 러시아의 과학자들에 의해 비타민B_{16}이라는 이름이 붙여졌으나, 인체 내에서 콜린이 글리

신으로 합성되는 과정의 중간물질로 밝혀져 비타민의 이름에서 제외되었다. 비타민B$_{16}$은 건강보조식품으로 판매되고 있기도 하나 그 효능이 입증된 것은 아니다.

● 비타민B$_{17}$: 아미그달린(amygdalin) 또는 라에트릴(laetrile)이라고도 불리며 매실, 살구, 복숭아 등 과일의 씨에 들어있는 쓴맛 성분으로서 시안(cyanide: 청산가리)을 함유한 화합물이다. 비타민B$_{15}$과 마찬가지로 러시아의 과학자들에 의해 연구되어 비타민B$_{17}$이라는 이름이 붙여졌으나, 아직 그 효능 및 역할에 의문점이 있어 비타민으로 인정받지 못하고 있다.

아미그달린은 다량으로 섭취하면 독성을 나타내는 물질이다. 그러나 비타민B$_{17}$ 지지자들은 과학적 증거가 부족함에도 불구하고 소량 섭취 시에는 세포의 신진대사를 촉진하고 암세포를 죽이는 유용한 역할을 한다고 주장한다. 미국 FDA에서는 많이 복용할 경우 독성을 나타낼 수 있기 때문에 사용을 금지하였다.

● 비타민B$_{18}$: 캐나다스포츠영양아카데미(the Canadian Academy of Sports Nutrition)에서 콜린(choline)을 비타민B$_{18}$으로 명명하였으나, 콜린은 인체 내에서 합성이 가능하여 비타민에서 제외되었다.

● 비타민B$_{19}$: 학술적으로는 비타민B$_{19}$이라는 이름이 사용된 적이 없으나, 상업적으로는 비타민B 복합제 중에서 'B$_{19}$(또는 비타민B$_{19}$)'라는 제품이 있다. 이는 비타민B$_{1}$, 비타민B$_{6}$, 비타민B$_{12}$ 등 3종의 비타민B를 혼합한 것이다 (1+6+12=19).

● 비타민B$_{20}$: 지방의 분해를 돕는 역할을 하는 카니틴(carnitine)에 붙여졌던 명칭이었으며, 카니틴은 라이신(lysine)으로부터 합성되므로 비타민에서 제외되었다.

● 비타민B$_{21}$: 지금까지 비타민B$_{21}$이라는 이름이 붙었던 물질은 없다.

● 비타민B$_{22}$: 1973년 린다 클락(Linda Clark)이 저술한 동남아시아의 민간요법에 의한 치료에 대한 책인 『Know Your Nutrition』에서 언급되었으며, 알로에베라(aloe vera) 추출물로 추정되는 물질이나 비타민으로 인정되지는 않았다.

● 비타민B$_c$: 1930년대 후반 잘 정제된 사료를 먹은 병아리에게 빈혈 증세가 나타났으며 효모, 알팔파(alfalfa), 밀겨(wheat bran) 등을 급여하면 증세가 호전된다는 것이 여러 과학자에 의해 확인되었다. 이 미지의 비타민B에는 'factor R', 'factor U' 등의 이름이 붙었다.

　1940년 호건(A. G. Hogan)과 패럿(E. M. Parrott)은 간 추출물에서 항빈혈인자를 발견하고 이것이 병아리(chick)에게 요구되는 인자라는 의미에서 비타민B에 'c'를 붙여 'vitamin Bc'라고 명명하였다. 당시에는 알 수 없었으나, 이 인자들은 모두 1941년 미첼(Herschel Kenworthy Mitchell)이 엽산(folic acid)이라고 명명한 물질과 동일한 것임을 알게 되었다.

● 비타민B$_i$: 2007년 캐롤린 베르다니에(Carolyn D. Berdanier)가 지방산을 세포 내에서 호흡을 관장하는 소기관(小器官)인 미토콘드리아(mitochondria)로 운반하는 데 필요한 물질이라고 하여 붙인 이름이며, 인체 내에서 합성되는 카니틴(carnitine)으로 밝혀져 비타민에서 제외되었다.

- 비타민B$_m$: 쥐의 탈모를 방지하는 물질이어서 'mouse factor'라고도 불리던 비타민B$_m$은 비타민B$_8$이라고도 불리는 이노시톨(inositol)로 밝혀졌으며, 체내에서 합성할 수 있기 때문에 비타민에서 제외되었다.

- 비타민B$_p$: 1940년 앨버트 호건(Albert G. Hogan) 등이 인지질의 구성성분으로서 닭의 발육부진을 예방하는 물질에 붙인 이름이며, 후에 인체 내에서 합성이 가능한 콜린(choline)으로 판명되어 비타민에서 제외되었다.

- 비타민B$_t$: 1948년 프랭켈(G. Fraenkel) 등이 곤충의 성장인자에 붙인 이름이며, 후에 인체 내에서 합성이 가능한 카니틴(carnitine)으로 판명되어 비타민에서 제외되었다.

- 비타민B$_v$: 2014년 누군가가 피리독신(pyridoxine)이 아닌 비타민B$_6$ 중 어떤 물질에 붙인 이름이었으나, 현재는 사용되고 있지 않다.

- 비타민B$_w$: 2014년 누군가가 바이오틴(biotin)으로 추정되는 성장인자에 붙였던 이름이었으나, 현재는 사용되고 있지 않다.

- 비타민B$_x$: 1939년 굴브란트 룬데(Gulbrand Lunde) 등에 의해 명명되었으며, 그 후의 연구 결과 파라아미노벤조산(para-aminobenzoic acid, PABA)

으로 밝혀졌다. 한때는 판토텐산(pantothenic acid)을 의미하기도 하였다. PABA는 미생물의 증식에는 필수적인 물질이지만, 사람에게도 필요한지는 확인되지 않아 비타민에서 제외되었다.

● 비타민F: 1920년대 초까지만 하여도 지질은 단순히 칼로리를 얻기 위한 영양소로 취급되었으며, 탄수화물에서 합성될 수 있기 때문에 필수영양소로 간주되지 않았다. 이런 고정관념에 변화를 준 것이 비타민E를 발견한 에반스(Herbert McLean Evans) 연구팀에서 활동하던 조지 오스왈드 버(George Oswald Burr)였다.

그는 비타민E에 관한 연구를 수행하던 중 지방 결핍 식이를 투여한 쥐에서 비타민E 결핍 증세와는 다른 이상 증세가 나타남을 발견하였다. 1928년에 발표된 논문에서 에반스와 버는 이것이 새로운 비타민이라는 가설을 세우고 '비타민F'라고 명명하였다.

1929년 버는 동료 연구원이자 부인인 밀드레드 버(Mildred Burr)와 함께 추가 실험을 하여 비타민F가 지용성의 어떤 물질이 아니라 지방 그 자체임을 주장하였다. 1930년에 부부가 함께 발표한 논문에서는 그것이 리놀레산(linoleic acid)임을 밝혔고, '필수지방산(必須脂肪酸, essential fatty acid)'이라는 용어를 처음 사용하였다. 그 정체가 지질로 밝혀짐에 따라 비타민F는 비타민에서 제외되었다.

1932년에 버 부부는 오메가6 지방산인 리놀레산뿐만 아니라 오메가3 지방산인 리놀렌산(linolenic acid) 역시 오메가9 지방산이나 포화지방산과 달리 체내에서 합성할 수 없기 때문에 식품으로 섭취하여야만 하는 필수지방산임을 보고하였다. 이로써 지질도 단순히 칼로리를 얻기 위한 영양소 이상의 것이 되었다.

오메가6 지방산에는 리놀레산 외에도 탄소가 20개인 아라키돈산(ara-chidonic acid, ARA) 등이 있고, 오메가3 지방산에는 리놀렌산 외에도 탄소가 20개인 아이코사펜타엔산(eicosapentaenoic acid, EPA), 탄소가 22개인 도코사헥사엔산(docosahexaenoic acid, DHA) 등이 있다.

그러나 인체 내에서 탄소가 18개인 리놀레산이나 리놀렌산으로부터 탄소수가 더 많은 오메가6 지방산이나 오메가3 지방산을 합성할 수 있기 때문에 보통은 리놀레산과 리놀렌산만을 필수지방산이라고 한다.

필수지방산은 세포막, 뇌, 망막 등 인체를 구성하는데 필수적인 물질이며, 생리기능 조절물질이나 면역반응 등에도 관여한다. 필수지방산이 부족하게 되면 성장이 지연되고, 두뇌의 발달 및 시각의 기능 유지가 어렵게 된다. 또한 피부염을 유발하거나 면역기능 저해 및 상처의 회복 지연을 일으킬 수 있으며, 콜레스테롤의 양이 증가하기도 한다.

● 비타민G: 1927년 셔먼(Henry Clapp Sherman)이 동물의 성장 및 펠라그라 예방에 효과가 있는 물질을 발견한 골드버거(Joseph Goldberger)가 'P-P factor'라고 불렀던 물질에 붙였던 이름이었으며, 비타민B$_2$(riboflavin)로 밝혀져 현재는 사용되고 있지 않다.

학문적인 이름은 아니나 건강보조식품 중에 글루타티온(glutathione)을 비타민G라는 명칭으로 판매하고 있는 제품이 있다. 글루타티온은 '글루타치온' 또는 '글루타싸이온'이라고도 불리며, 자연계에 널리 분포하는 폴리펩티드(polypeptide)의 일종으로서 생체 내에서는 산화환원반응에 중요한 역할을 하는 항산화물질이다.

● 비타민H: 비타민B7(biotin)은 초기에 여러 과학자에 의해 명확하지 않은 상태로 발견되어 다양한 이름이 붙여졌다. 비타민H는 1931년 게오르규(Paul Gyorgy)가 동물이 간에서 난백장애를 치료할 수 있는 물질을 발견하고 붙인 이름이며, 그 정체가 바이오틴임이 밝혀져서 현재는 사용되고 있지 않다.

● 비타민I: 1935년 이탈리아의 에우제니오 센타니(Eugenio Centanni)가 쌀겨로부터 알코올로 추출한 비둘기의 소화 장애를 예방하는 물질에 붙였던 이름이며, '장내인자(enteral factor)'라고도 하였다. 이것은 비타민B7(biotin), 비타민B3(nicotinic acid) 또는 비타민B8(inositol)이었을 가능성이 있다.
  학문적인 이름은 아니나 진통, 해열, 항염증 작용 등이 있는 소염진통제의 주성분인 이부프로펜(ibuprofen)을 비타민I라고 부르기도 한다. 상품명으로는 부루펜, 이부펜, 도시펜, 나르펜, 애드빌, 모트린, 캐롤에프, 탁센 등이 있다.

● 비타민J: 1935년 독일 출생의 스웨덴 화학자인 한스 폰 오일러(Hans von Euler)가 과일 주스에서 추출하였으며, 모르모트의 폐렴에 대한 저항력을 키워주는 물질에 붙였던 이름이다. 단일물질로 분리해 내는 데 실패하여 비타민으로 인정받지 못하였으며, 콜린(choline) 또는 플라보노이드(flavonoid)였을 것으로 추정된다.

● 비타민L: 1933년 일본의 나카하라 와로(中原和郎, なかはら わろう)가 간이나 효모에서 쥐의 젖(乳) 분비에 필요한 인자(lactation factor)로 여겨지는 물

질을 발견하고, 머리글자를 따서 비타민L이라고 명명하였다. 그 후의 연구에서 간에서 추출한 것은 안트라닐산(anthranilic acid)이고, 효모에서 추출한 것은 아데닐티오메틸펜토스(adenylthiomethylpentose)로 밝혀졌다.

안트라닐산에는 비타민L_1이라는 이름이 주어졌고, 아데닐티오메틸펜토스에는 비타민L_2라는 이름을 붙였다. 두 물질은 협동하여 작용하는 것으로 여겨지나 사람에 대해서는 효과가 확인되지 않아 비타민으로 인정되지 않고 있다.

● 비타민M: 1938년 데이(P. L. Day) 등이 원숭이의 혈구감소를 예방하는 물질에 붙인 이름이었다. 비타민M의 'M'은 원숭이(monkey)에서 따온 것이다. 후에 엽산(비타민B_9)으로 밝혀져 비타민에서 제외되었다.

● 비타민N: 1968년 포디오노바(N. A. Podionova) 등이 바이오틴(biotin)의 전구물질(前驅物質, precursor)로서 항암 효과가 있는 것으로 추정되는 물질에 붙인 이름이었다. 사람에게 필수적인 영양소인지, 인체에서 만들어질 수 있는지 등이 명확하지 않아 비타민에서 제외되었다.

● 비타민O: 1998년 로즈크릭헬스프러덕츠(Rose Creek Health Products)라는 회사에서 판매한 건강보조식품의 이름이며, 비타민O의 'O'는 산소(oxygen)를 의미한다. 제조사에서는 이 제품이 협심증, 빈혈, 여러 종류의 암에 효과가 있다고 주장하였으나, 실제로 이 제품에 산소가 존재한다는 것도 입증되지 않았고 회사에서 주장하는 내용도 객관적으로 입증되지 못하였다.

● 비타민P: 비타민C에 아스코브산(ascorbic acid)이라는 이름을 지어준 죄르지(Albert von Szent Gyorgyi)는 1936년 모르모토에 대한 임상실험에서 비타민C 외에 어떤 미지의 물질이 결핍될 때도 괴혈병 증상이 나타나는 것으로 생각하고 비타민P라고 명명하였다. 그러나 그 후의 실험에서 비타민P의 효과를 증명하지 못하여 비타민에서 제외되었다.

비타민P는 '비타민C$_2$'라고도 하며, 시트린(citrin) 또는 헤스페리딘(hesperidin)이라고 하는 식물의 황색계통 색소 성분으로서 플라보노이드(flavonoid)의 일종이다. 플라보노이드는 최근에 항균, 항암, 항알레르기, 항염증 등의 작용이 있는 것이 알려지면서 관련 연구가 활발히 진행되고 있다.

● 비타민Q: 미토콘드리아에서 영양소를 에너지로 전환하는 데 관여하는 물질의 존재는 20세기 중반에 이미 알려져 있었다. 1950년 페센슈타인(G. N. Festenstein)은 말의 내장에서 이 물질로 추정되는 것을 분리해 내는 데 성공하고 'substance SA'라고 불렀다. 그는 이것이 여러 동물의 조직에서 발견되는 퀴논(quinone)이라고 생각했으며 정확한 규정을 하지는 못했다.

1957년 프레드릭 로링 크레인(Frederick Loring Crane) 등은 소의 심장에서 크로마토그래프(chromatograph)의 275nm에서 강한 피크(peak)를 보이는 퀴논을 발견하고 'Q275'라고 명명하였으며, 이것이 페센슈타인이 'substance SA'라고 부른 물질과 동일한 것임도 밝혀냈다. 물질의 정확한 특성을 규정함으로써 비타민Q의 최초 발견자라는 명예도 얻게 되었다.

같은 1957년 크레인보다 조금 늦게 모튼(R. A. Morton)도 동일한 물질을 추출해 내고 '유비퀴논(ubiquinone)'이란 이름을 붙였다. 유비퀴논이란 '동식물에 보편적으로 존재하는 퀴논 화합물'이라는 뜻으로 '보편적으로 어디에나 존재한다'라는 의미의 라틴어 'ubique'와 '퀴논(quinone)'의 합성어이다. 퀴논은 방향족화합물의 벤젠고리에서 수소 2개가 산소 2개로 치환된 화합물을 총칭하는 말이다.

1958년 칼 어거스트 포커스(Karl August Folkers) 등은 이 물질의 화학적 구조를 밝혀내고 '코엔자임큐텐(coenzyme Q10)'이라 명명하였으며, 합성에도 성공하였다. 코엔자임Q10에서 'Q'는 퀴논에서 따온 것이며, '10'이라는 숫자는 이 물질의 구조에서 이소프렌(isoprene)이라 불리는 화학구조가 10번 되풀이되어 연결되고 있는 데서 유래한다.

포커스는 코엔자임Q10(줄여서 '코큐텐' 또는 'CoQ10'이라고도 함)이 비타민일 수도 있다고 생각하여 비타민Q라는 이름도 붙였으나, 체내에서 합성되는 것으로 밝혀짐에 따라 비타민의 정의에 맞지 않아 비타민에서 제외되었다. 그러나 아직도 관습적으로 비타민Q라고 부르는 경우가 있다.

비타민Q는 유비퀴논, 코엔자임Q10 이외에도 유비데카레논(ubide-carenone), 유비퀴놀(ubiquinol), 미토퀴논(mitoquinone) 등 여러 가지 이름으로 불리기도 한다. 학술적으로는 유비퀴논이란 이름이 가장 널리 사용되고, 유비데카레논은 주로 의약품의 원료명으로 사용되며, 건강식품이나 화장품에서는 주로 코엔자임Q10이란 명칭이 사용되고 있다.

유비퀴논은 에너지대사에 관여하는 역할 외에도 항산화 작용, 면역체계 강화 등의 기능이 있는 것으로 알려져 있다. 유비퀴논은 거의 모든 식품에 포함되어 있으나 식품을 통해 섭취되는 양은 인체에서 필요로 하는 양에 비하면 매우 적다. 대부분은 체내에서 합성되고 저장량도 많아서 결핍증이 나타나기는 어렵다.

그러나 유비퀴논을 합성하려면 타이로신(tyrosine), 메싸이오닌(methio-nine) 등의 아미노산이나 B군의 비타민(B$_2$, B$_3$, B$_6$, B$_9$, B$_{12}$ 등)과 셀레늄 등의 미네랄이 필요하므로 이들을 적정량 섭취하는 것이 중요하다. 나이가 들거나 특정한 약물을 복용하여 합성 능력이 줄어든 경우에는 유비퀴논 보충제를 섭취하는 것이 좋다.

● 비타민R: 닭의 성장에 관여하는 인자인 'factor R'을 비타민R이라고도 하였으며, 과거 비타민B$_{10}$을 지칭하던 용어였다. 현재는 비타민에서 제외되었다.

● 비타민S: 닭의 성장에 관여하는 인자인 'factor S'를 비타민S이라고도 하였으며, 과거 바이오틴(biotin) 또는 비타민B$_{11}$을 지칭하던 용어였다. 현재는 비타민에서 제외되었다.

● 비타민T: 1947년 빌헬름 괴치(Wilhelm Goetsch)가 성장을 촉진하는 작용이 있는 물질에 붙인 이름이다. 단일물질이 아니고 엽산, 비타민B$_{12}$, 뉴클레오타이드(nucleotide) 등의 혼합물로 추정되어 비타민에서 제외되었다.

● 비타민U: 1949년 미국의 가넷 체니(Garnett Cheney)는 양배추주스에서 위궤양을 치유하는 물질을 발견하고 궤양(ulcer)에서 이름을 따와 비타민U라고 불렀다. 이 물질은 나중에 S-메틸메티오닌(S-methylmethionine, SMM)으로 밝혀졌으며, 필수아미노산인 메티오닌(methionine)의 파생물이다.

비타민U는 인체에서 합성될 수 없어서 음식으로 섭취하여야만 하지만 단백질의 일종이고, 그 기능이 손상된 조직을 복구하거나 궤양을 치료하는 등 너무 약리적(藥理的)이어서 보통 비타민으로 취급하지 않는다. 과거 일부 과학자는 비타민B₉인 엽산(folic acid)을 지칭하는 용어로 사용하기도 하였다.

● 비타민V: 1984년 코디(M. Cody)가 성장을 촉진하는 물질에 붙였던 이름이며, 나이아신(비타민B₃)의 조효소 형태인 니코틴아미드아데닌디뉴클레오티드(nicotinamide adenine dinucleotide)였을 것으로 추정된다. 일부 과학자는 엽산의 구성요소인 파라아미노벤조산(para-aminobenzoic acid)을 지칭하는 용어로 사용하기도 하였다.

비타민V는 속어(俗語)로 남성 발기부전 치료제인 비아그라(Viagra)를 의미하기도 하며, 인터넷을 검색하면 원래의 비타민보다 비아그라에 대한 자료가 더 많이 나온다. 비아그라는 1998년 미국의 제약회사인 화이자(Pfizer)에서 출시한 제품의 상품명이며, 주요 약효성분은 실데나필시트르산염(sildenafil citrate)이다.

● 비타민W: 1937년 프로스트(D. Frost) 등이 쥐의 성장인자에 붙였던 이름이며, 바이오틴(비타민B₇)으로 추정되는 물질이다. 오늘날 학문적 용어로는 비타민W를 사용하고 있지 않으나, 다른 의미로는 널리 사용되고 있기도 하다.

상업적으로는 여성용 종합영양제로 판매되고 있다. 보통은 '멀티비타민W'이라고 표기하고 있으며, 여러 종류의 비타민과 미네랄을 혼합한 제품이다. 여기서 'W'은 여성을 의미하며, 남성용으로는 '멀티비타민M'이라는 제품이 판매되고 있다.

중동의 아랍 문화권에서는 비타민W가 '와스타(wasta)'의 별명으로 사용되기도 한다. 와스타는 인맥이나 중재를 의미하는 단어이나 우호적인 호의, 네트워킹, 협상, 뇌물 등의 개념을 포함하는 폭넓은 의미로 사용된다. 일상생활의 여러 면에서 작용하기 때문에 중동에서 비타민W(와스타) 없이는 살아남을 수 없다고도 한다.

● 비타민X : 비타민 연구 초기에 아직 명확하지 않은 미지의 물질에 대하여 임시로 붙였던 이름이며, 비타민X로 불리다 정식 비타민으로 인정된 것으로 비타민B_9(엽산), 비타민B_{12}, 비타민E 등이 있다.

비타민X는 '비타민'이라는 단어가 주는 좋은 이미지와 'X'라는 알파벳이 갖는 신비함이란 요소가 결합하여 다양한 분야에서 차용되기도 한다. 예로서, 일본의 D3퍼블리셔(株式会社ディースリー·パブリッシャー)에서 발매한 비타민 시리즈의 첫 번째 비디오게임의 이름이기도 하고, 1997년에 결성된 네덜란드의 하드코어 펑크 밴드의 이름이기도 하다.

비타민X는 속어로 메틸렌디옥시메스암페타민(methylene dioxy meth amphetamine, MDMA)을 뜻하기도 한다. MDMA는 엑스터시(ecstasy)라고도 하며, 클럽이나 파티에서 불법적으로 자주 사용되고 있는 흥분과 환각작용을 나타내는 마약이다.

● 비타민Y: 1930년 칙(H. Chick) 등이 쥐의 성장에 필요한 물질을 효모에서 발견하고, 효모(yeast)에서 이름을 따와 비타민Y라고 이름을 붙였다. 그

후 다른 과학자들의 연구에서 비타민B$_6$ 또는 이노시톨(inositol)이었을 것으로 추정되어 비타민에서 제외되었다.

● 비타민Z: 지금까지 비타민Z라는 이름이 붙었던 물질은 없었으며, 만일 추가로 비타민이 새로이 발견된다면 이 이름을 붙이게 될지도 모르겠다.

분류상 비타민에서 제외된 물질들은 비타민의 최초 발견자라는 명성을 얻기 위하여 확실하지 않은 상태에서 이름이 붙여진 것이 많고, 비타민의 이름에 혼동을 가져오게 하였다. 오늘날까지도 비타민이란 이름이 일반적으로 사용되고 있기는 하나, 최근에는 혼동을 피하기 위해 비타민이란 이름 대신 화학명칭으로 부르는 것이 권장되고 있다.

17
미네랄

우리말로 무기질(無機質)이라고 번역되는 영어의 미네랄(mineral) 은 원래 광물(鑛物)을 의미하는 단어였다. 광물은 일정한 화학적 조 성(組成)과 결정구조를 갖는 물질로서, 단일 원소로 이루어진 것도 있지만 석영(SiO_2)과 같이 두 가지 이상의 원소로 된 것도 있다.

광물은 대부분 고체이지만 액체나 기체인 것도 있으며, 대부분 결정체 상태의 무기질이지만 석탄과 같은 유기질(有機質)도 있다. 현 재까지 4,300종류 이상의 광물이 알려져 있으며, 우리가 흔히 보는 바위(rock)는 여러 종류의 광물이 모여서 이루어진 것이다.

지구상에 존재하는 수천 종의 광물을 구성하고 있는 것이 90여 개의 원소(元素, element)라는 사실은 비교적 최근에야 알려진 사 실이다. 서양에서는 오랫동안 고대 그리스의 철학자 아리스토텔레 스(Aristoteles)의 주장에 따라 모든 물질의 기본을 이루는 것이 공 기(air), 물(water), 불(fire), 흙(earth) 등의 4대 원소(四大元素)라고 믿었다.

이런 인식을 바탕으로 오랜 시간 값싼 철이나 납과 같은 금속을 비싼 금으로 바꾸려고 하는 연금술(鍊金術)이 성행하기도 하였다. 연금술사들은 물질을 구성하는 원소들을 적당한 비율로 섞어 결합하면 한 물질이 다른 물질로 변화될 것으로 생각했다.

이런 그들의 생각은 불가능한 것이 아니며, 현대의 과학기술로는 실제로 다른 금속으로 금을 만드는 것이 가능해졌다. 중이온가속기나 입자가속기를 이용하여 원자핵에 충격을 주면 다른 원소에서 금이 만들어질 수 있다. 다만 아직은 경제적으로 이용될 수준은 아니어서 차라리 금광을 파서 금을 얻는 편이 훨씬 저렴하다.

과거의 연금술사들은 성공하지는 못하였으나, 그들이 금을 만들어 내려는 과정에서 축적된 화학에 관한 다양한 지식과 기술은 화학 발전에 중요한 역할을 하였다. 우리말로 '화학(化學)'이라고 번역되는 영어의 'chemistry'는 '연금술'을 뜻하는 'alchemy'에서 온 것이다.

공기, 물, 불, 흙 등의 4대 원소라는 다소 추상적인 개념에서 구체적인 순수한 물질을 의미하는 원소라는 개념이 생겨난 것도 연금술의 영향이었다. 그러나 18세기 초까지만 해도 알려진 원소는 철, 구리 등의 금속 몇 가지가 전부였다. 18세기 중후반에는 50여 종이 새로 발견되었으며, 19세기 초에 더 많은 원소가 확인되었다.

이렇게 원소가 많아지자 과학자들은 그 성질과 원자량 사이의 연관성을 찾기 시작하였다. 1828년 독일 화학자 요한 볼프강 되베라이너(Johann Wolfgang Dö'bereiner)는 반응성이 매우 강한 바륨

(Ba), 칼슘(Ca) 및 스트론튬(Sr)의 성질이 서로 유사하다는 사실에 착안하여 화학적 성질이 비슷한 3가지 원소의 묶음을 찾아내고, 이들을 '3조 원소(三組元素, triad)'라 하였다.

1865년 영국의 화학자 존 뉴랜즈(John Newlands)는 '옥타브 법칙(The Law Octaves)'이란 논문을 발표하고, 원소들을 원자량 순서로 배열하면 음악에서의 옥타브(octave)와 비슷하게 여덟 번째마다 비슷한 성질의 원소가 반복된다고 주장하였다.

1869년 러시아의 화학자 드미트리 이바노비치 멘델레예프(Dmitrii Ivanovich Mendeleev)는 당시까지 알려진 원소 63종을 원자량이 증가하는 순서대로 나열하자 비슷한 성질을 지닌 원소가 주기적으로 나타나는 현상을 발견하고, 최초의 주기율표(週期律表, periodic table)를 발표하였다. 그는 추가로 발견될 원소들을 예측하여 주기율표에 빈칸을 넣어두기도 하였다.

1914년 영국의 물리학자 헨리 귄 제프리스 모즐리(Henry Gwyn Jeffreys Moseley)는 X선 스펙트럼 연구를 통해 원소의 화학적 성질은 원자량 크기가 아닌 원자번호에 의해 결정된다는 점을 증명하고, 멘델레예프의 주기율표를 원자번호 순서로 정리하여 완성하였다. 현재의 주기율표는 모즐리의 주기율표를 원형으로 하여 보완한 것이다.

주기율표가 발표된 후 주기율표의 빈칸을 찾기 위한 노력이 계속되었으며, 자연에서 발견하기 힘든 원소를 인공적으로 만들어 내는 데 성공하기도 하였다. 현재까지 알려진 원소는 인공적으로 만들어진 것을 포함하여 모두 118종류이다. 이들 원소로 만들어지는 화합물의 종류는 5천만 종 이상이며, 앞으로도 그 수는 계속 늘어날 것이다.

국제적으로 화학물질의 이름은 국제 순수 응용화학 연합(International Union of Pure and Applied Chemistry, IUPAC)에서 정한 이름을 따르는 것을 원칙으로 하고 있다. IUPAC은 1919년에 창설되었으며, 각국의 화학자를 대표하는 조직의 연맹이다.

우리나라의 경우 대한화학회가 이 기구의 회원으로 가입되어 있으며, 국내에서 통용되는 화학물질의 이름을 정하고 있다. 대한화학회에서는 1998년에 그동안 사용되어 오던 화학물질 및 원소의 이름을 새롭게 재정비하였다. 기존의 원소 이름은 독일식의 발음을 따른 것이 많았는데, 개정된 원소 이름은 영어 발음에 가깝다.

일본은 주로 독일로부터 학문을 도입했고, 일본에서 정착한 이름이 일제강점기 때 우리나라에 전해지면서 원소들의 명칭 또한 자연스레 일본식 이름이 많았다. 세계적으로 과학 용어는 영어를 기준으로 표기하는 추세인데다 일제의 잔재를 청산해야 한다는 의견이 맞물려 화학 용어 개정이 추진되었다.

인체도 여러 화합물이 모여서 이루어진 것이며, 수많은 원소의 집합체이다. 미네랄은 원래 광물(鑛物)을 의미하는 단어였으나, 식품영양학이나 의학에서 사용하는 미네랄 또는 무기질(無機質)이란 용어는 원소(元素, element)와 비슷한 개념으로 사용된다. 미네랄은 원래 학술용어가 아니고 편의적으로 사용하던 단어였기 때문에 아직도 정확한 정의가 내려져 있지 않다.

무기질에 대비되는 개념이 유기질(有機質, organic matter/organic substance)이며, 유기질이 아닌 것이 무기질이라고 할 수 있다. 무기질은 무기염류(無機鹽類)라고도 하며, 유기질은 유기화합물(有機化合物, organic compound) 또는 탄소화합물(炭素化合物 , carbon compound)이라고 말하기도 한다.

탄소 원자 1개는 최대 4개의 다른 원자 또는 화합물과 결합할 수 있으며, 탄소 원자 간의 결합을 만들 수도 있으므로 수없이 많은 종류의 탄소화합물을 만들 수 있어서 생명체를 구성하고, 유지하는 데 적합하다. 이런 이유로 탄소화합물을 유기화합물과 유사한 의미로 사용하게 된 것이다.

그러나 탄소화합물이라고 하여도 흑연(黑鉛)이나 다이아몬드와 같이 탄소만으로 이루어졌거나 일산화탄소(CO), 이산화탄소(CO_2), 탄화칼슘(CaC_2), 시안화수소(HCN) 등 단순한 형태의 탄소화합물은 유기화합물이 아니라 무기화합물로 분류하며, 탄소화합물과 유기화합물이 반드시 일치하는 것은 아니다.

최근에는 인체 대부분을 차지하며 탄수화물, 단백질, 지질 등 3대 영양소의 구성성분이 되는 산소(O), 수소(H), 탄소(C), 질소(N) 등 4가지 원소를 제외한 나머지 원소를 미네랄이라고 부른다. 이 기준에 의하면 현재까지 118종류의 원소가 알려져 있으므로 모두 114종류의 미네랄이 존재할 수 있다.

미네랄 중 인체에서 부족하면 결핍 증상이 나타나는 것을 필수무기질(必須無機質)이라 하고, 나머지를 비필수무기질(非必須無機質)이라고 분류하며, 일반적으로 미네랄이라고 할 때는 필수무기질을 의미한다. 20세기 후반 분석 기술이 발전하고 연구가 진척됨에 따라 미네랄의 인체 내에서의 역할이 밝혀지게 되면서 비타민에 이어 다섯 번째 영양소가 되었다.

미네랄은 반드시 외부에서 섭취하여야 하는 필수영양소라는 점에서 비타민과 유사하나, 비타민이 유기화합물인 데 비하여 미네랄은 무기물이라는 점에서 구분된다. 미네랄은 사람은 물론이고 동식물이나 세균 등 어떠한 생명체도 합성할 수가 없으며, 일반적인 화학적 방법이나 식품의 조리•가공 방법으로는 파괴되지 않고 매우 안정적이라는 특징이 있다.

미네랄은 유기화합물과 결합한 형태의 유기무기질(有機無機質)과 원소 그 자체이거나 무기화합물과 결합한 무기무기질(無機無機質)로 구분하기도 한다. 바이오틴(비타민B$_7$)의 구성성분인 황(S)이나 비타민B$_{12}$의 구성성분인 코발트(Co), 황(S), 인(P) 등은 유기무기질의 좋은 예이다.

과거에는 무기무기질은 영양소가 될 수 없으며 유기무기질만이 인체에 이용될 수 있다고 여겼으나, 오늘날에는 흡수율의 차이가 있을 뿐이라고 보고 있다. 필요한 무기질이 유기무기질의 형태로 얻기 어렵다면 무기무기질로 섭취할 수밖에 없으며, 현대 의약품에 함유된 무기질은 무기무기질인 경우가 많다. 그러나 쇳가루를 먹어서는 철분을 흡수할 수 없듯이 물에 녹는 형태이어야만 이용할 수 있다.

미네랄이 인체 내에서 하는 역할은 크게 세 가지가 있다. 첫째는 뼈, 근육, 장기(臟器), 혈액 등 신체의 구성성분이 된다. 둘째는 효소 (酵素, enzyme)나 호르몬(hormone)의 구성요소가 되어 몸 안에서 일어나는 여러 가지 생화학반응의 촉매 역할을 한다. 셋째는 혈액의 산·알칼리 균형을 유지하고, 체액의 농도 균형을 유지하는 역할을 하며, 신경 및 근육이 정상상태를 유지하도록 한다.

사람의 혈액은 pH 7.4로서 약알칼리성이며, pH 7.35~7.45 범위는 정상으로 본다. 어떤 이유에서든 pH가 이 범위를 벗어나면 인체 내 생화학반응의 속도가 느려져 질병을 유발하게 된다. 따라서 인체는 항상 pH 7.4를 유지하려는 항상성 기능이 있으며, 적정한 pH 균형을 유지하는 데 무기질이 중요한 역할을 한다.

무기질은 하루 필요량이 100㎎ 이상인 다량무기질(多量無機質)과 100㎎ 미만인 미량무기질(微量無機質)로 나누기도 한다. 다량무기질에는 칼슘, 인, 나트륨, 염소, 칼륨, 마그네슘, 황 등 7종이 있고, 미량무기질에는 철, 아연, 구리, 불소, 망간, 요오드, 셀레늄, 몰리브덴, 크롬, 붕소, 게르마늄, 주석, 규소, 코발트, 바나듐 등 15종이 있다.

22종의 미네랄 중에서 황, 붕소, 게르마늄, 주석, 규소, 코발트, 바나듐 등 7종은 사람에게 꼭 필요한 것인지, 인체 내에서 하는 역할이 무엇인지 등에 관한 연구가 부족하여 이들을 제외한 15종만 필수무기질로 보기도 한다. 〈한국인 영양소 섭취기준〉에는 15종에 대한 일일 섭취기준만 설정되어 있다.

이 외에도 아직 사람에게서 결핍 증상을 발견하지는 못하였으나, 포유류나 조류와 같은 고등동물에서 결핍 증상이 발견되어 사람에게도 필요할 것으로 추정되는 미네랄 후보로서 루비듐, 브롬, 비소, 니켈, 스트론튬, 리튬 등이 있다.

무기질 중에는 인체에 유해한 것도 많으며 비소, 납, 카드뮴, 수은, 안티몬, 바륨, 비스무트, 니켈, 스트론튬 등 주로 중금속류가 이에 해당한다. 또한 필수미네랄로 분류된 것도 적정량 이상을 섭취하면 독성을 나타내는 것이 대부분이다.

그러나 셀레늄이 과거에는 유해 무기질로 여겨졌으나 오늘날에는 필수미네랄로 분류되는 것처럼 무기질에 관한 연구가 더욱 진척되면 현재 유해 무기질로 분류된 것 중에서도 필수미네랄로 변경되는 것이 나올 수도 있다. 미네랄은 아직도 밝혀내야 할 것이 많은 영양소이다.

18

칼슘

비타민 중에서 가장 유명한 것이 비타민C라면 미네랄 중에서는 대표적인 것이 바로 칼슘이며, 칼슘의 중요성은 상식이 되어 있을 정도이다. 폐경 이후의 여성을 위한 영양보충제 중에서 가장 인기가 있는 것이 칼슘이며, 어린이용 식품 대부분에는 칼슘이 첨가되고 있다.

칼슘은 지구의 표면에 존재하는 90여 종의 원소 중에서 산소, 규소, 알루미늄, 철 등에 뒤이어 다섯 번째로 풍부한 원소이다. 순수한 칼슘은 반응성이 크기 때문에 자연계에는 존재하지 않고, 대신 탄산칼슘($CaCO_3$), 황산칼슘($CaSO_4$) 등의 화합물로서 널리 분포하고 있다.

칼슘의 원자번호는 '20'이며, 원소기호는 'Ca'이다. 1808년 영국의 화학자 험프리 데이비(Humphrey Davy)가 석회에서 처음으로 분리해 내고, 라틴어로 석회를 의미하는 'calx'에서 이름을 따와 '칼슘(calcium)'이라고 명명하였다. 칼슘은 체중의 약 1.5%를 차지하며, 약 99%는 뼈와 이에 들어있고, 나머지 약 1%는 혈액과 세포 조직에 존재한다.

칼슘의 가장 중요한 기능은 뼈와 이를 형성하여 우리 몸의 기본 골격을 유지해 주는 것이다. 평생 뼈는 생성과 소멸을 반복하며, 성장기에는 생성되는 양이 소멸하는 양보다 많고, 성인은 생성량과 소멸량이 평형을 이루나, 나이가 들어감에 따라 생성량보다 소멸량이 많아지게 된다.

뼈의 구성성분이 된 칼슘은 고정된 것이 아니라 유동적이다. 인체 내의 조직이 정상적인 기능을 유지하기 위해서는 혈액 내의 칼슘이 항상 일정하여야 하며, 어떤 이유로든 혈액 중의 칼슘이 부족해지면 뼈에 있던 칼슘이 혈액으로 이동하게 된다. 뼛속에 칼슘의 양이 부족하게 되면 골다공증 등의 질병에 걸리게 된다.

골다공증(骨多孔症, osteoporosis)이란 뼈의 크기나 용적은 같아도 뼈를 구성하는 성분이 감소하여, 뼈가 가벼워지고 스펀지처럼 작은 구멍이 많이 나서 부러지기 쉬운 상태로 된 것을 말한다. 2000년 대한의사협회에서 어려운 의학 용어를 쉬운 우리말로 고쳐 발표하였으며, 이에 따르면 골다공증은 '뼈엉성증'으로 변경되었으나 아직도 골다공증이란 표현이 일반적이다.

골다공증은 나이가 들어 뼈의 노화가 진행되면서 나타나는 매우 흔한 질병이며, 노인과 폐경 후 여성에게서 발생 빈도가 높다. 주로 칼슘을 비롯하여 단백질, 비타민D 등의 영양소가 결핍되어 발생하며, 갑상샘호르몬 등 호르몬 장애나 운동 부족이 원인이 되기도 한다.

뼈나 이의 구성성분이 되는 것 이외에도 칼슘은 신경 자극 전달,

근육의 수축과 이완, 혈액 응고 등의 생리작용을 조절한다. 또한 칼슘은 세포막을 통한 물질의 이동을 조절하는 역할을 하며, 다른 미네랄의 이온들이 신경세포 내외로 이동하는 데도 관여한다.

혈액에는 적혈구, 백혈구, 혈소판 등이 포함되어 있으며, 이들을 제외한 액체 성분을 혈장(血漿, plasma)이라고 한다. 혈장 중의 칼슘 농도는 9~10.5mg/100㎖ 정도로 일정하게 유지되어, 혈장의 pH가 항상 7.4로서 약알칼리성을 유지하도록 도와준다. 이 항상성은 칼슘의 섭취량 및 배설량, 뼛속의 축적량과 뼈로부터의 용출량, 신장에서의 재흡수량 등에 의해 조절된다.

근육에는 액틴(actin)과 미오신(myosin)이라는 근육단백질이 존재하며, 근육세포 안의 소포체(小胞體, endoplasmic reticulum)에 저장된 칼슘이 방출되면 두 단백질은 상호 결합하게 되면서 근육이 수축하고, 방출된 칼슘 이온이 소포체로 되돌아가면 액틴과 미오신이 분리되면서 수축한 근육이 이완된다.

혈액 응고란 혈관 밖으로 나온 피가 굳는 현상을 말하며, 혈액이 응고되지 못하면 과다출혈로 죽게 되므로 생명을 유지하는 데 있어서 절대적으로 요구되는 신체 반응이다. 칼슘은 혈액 응고 작용을 하는 단백질인 피브린(fibrin)을 활성화하는데 필요한 트롬빈(thrombin)이란 효소를 만드는 데 도움을 준다.

칼슘이 부족하면 골다공증 외에도 관절의 통증, 충치, 근육경련, 손가락의 무감각 또는 저림, 신경과민, 불면증, 영유아나 성장기 어린이의 발육부진 등의 증상이 나타난다. 한편 칼슘 섭취가 지나칠 때는 석회화, 신장결석, 고칼슘혈증 등을 일으킬 수 있으며, 다른 무기질(철, 아연, 마그네슘, 인 등)의 흡수를 방해할 수 있다.

석회화(石灰化, calcification)란 칼슘이 과도하게 침착돼 몸의 조직이나 기관이 돌처럼 단단해지는 것을 말한다. 석회질은 혈관, 관절 등 다양한 부위에서 생기며, 혈관이 석회화되면 뇌졸중, 심근경색 등의 위험이 커진다. 중년 여성들에게 흔한 유방 석회질은 암으로 진행할 가능성이 있는 것도 있다.

보건복지부에서 실시한 '국민건강 영양조사'에 따르면 칼슘은 우리나라 식생활에서 가장 결핍되기 쉬운 영양소 중의 하나이다. 칼슘이 많이 들어있는 식품으로는 우유 및 유제품, 뼈째 먹는 생선류(멸치, 뱅어포, 미꾸라지, 통조림 된 생선 등), 굴, 미역, 콩, 두부, 계란, 짙은 녹색잎 채소(케일, 브로콜리, 배추 등), 견과류 등이 있다.

그러나 중요한 것은 식품 자체에 존재하는 함유량이 아니라 우리 몸에서 얼마나 받아들이는가 하는 흡수율이다. 일반적으로 식품 중에는 칼슘뿐만 아니라 칼슘의 흡수를 방해하는 섬유소, 수산(oxalic acid), 인, 지방 등이 함께 존재하므로 식품마다 흡수율에 차이가 난다. 우유 및 유제품은 칼슘의 함량이 많고 흡수율도 높아서 우수한 칼슘 공급원이다.

칼슘 흡수율은 나이에 따라서도 차이가 있으며, 일반적으로 어린이의 흡수율은 약 40%로 성인의 약 30%에 비하여 높다. 연령이 증가함에 따라 흡수율은 감소하고, 특히 폐경 이후의 여성은 20%를 넘지 못한다고 한다. 우리나라의 경우 모든 연령에서 칼슘 섭취가 부족한 편이므로 적극적으로 칼슘을 보충할 필요가 있다.

우유를 마시면 속이 거북하고 소화가 안 되는 사람들이 있는데, 이런 증상을 유당불내증(乳糖不耐症, lactose Intolerance) 또는 유당분해효소결핍증(乳糖分解酵素缺乏症)이라고 한다. 유당불내증이 있는 사람의 경우는 요구르트, 치즈 등 유제품을 먹거나 칼슘 보충제를 복용하는 것도 고려해 보아야 한다.

우리나라에서 사용이 허용된 칼슘 보충제는 크게 두 가지가 있으며, 하나는 식품첨가물로 분류된 합성칼슘이고, 다른 하나는 천연칼슘이다. 천연칼슘에는 우골분, 우유칼슘, 해조칼슘, 난각칼슘, 산호칼슘, 패각칼슘 등이 있다. 천연칼슘의 인체 내 흡수율은 대개 40~50% 정도이고, 합성칼슘의 흡수율은 이보다 낮으며, 비타민D를 함께 섭취하면 칼슘의 흡수율은 증가한다.

그러나 최근에 칼슘 보충제를 과다하게 섭취하는 집단은 그렇지 않은 집단에 비해서 혈관이 굳어서 생기는 병(뇌졸중, 협심증, 심근경색, 동맥경화 등)의 발병률이 높게 나타났다는 연구 보고도 있었다. 따라서 칼슘 보충제를 복용하기보다는 칼슘이 많은 식품인 우유나 멸치 등과 함께 칼슘의 흡수율을 높이는 비타민D 보충제를 복용하도록 추천하기도 한다.

〈한국인 영양소 섭취기준〉에 의한 칼슘의 일일 권장섭취량은

1~2세 유아는 500mg이며, 나이가 들면서 증가하게 된다. 남자의 경우 성장기인 12~14세에서 최고치인 1,000mg이고, 이후 계속 감소하여 65세 이상에서는 700mg이 된다. 여자의 경우 12~14세에서 최고치인 900mg이고, 이후 감소하여 19~49세는 700mg이며, 폐경기 이후인 50세 이상에서는 다시 800mg으로 증가한다.

1세 미만 영아의 경우 충분섭취량만 250~300mg으로 설정되어 있다. 상한섭취량은 1세 미만 영아는 1,000~1,500mg이고, 1~8세는 2,500mg이며, 9~18세는 3,000mg이고, 19~49세는 2,500mg이며, 50세 이상은 2,000mg이다. 임신부와 수유부는 2,500mg으로 되어 있다.

19
인

어렸을 적에 시골에서 살아본 경험이 있는 사람이라면 도깨비불에 관한 이야기를 듣거나 경험하기도 하였을 것이다. 도깨비불은 주로 공동묘지나 냇가에서 밤중에 나타나는 푸르스름한 불빛을 말하며, 어린 시절에는 공포의 대상이었다. 이 도깨비불의 정체는 바로 인(燐)이다. 한자 인(燐)은 도깨비불을 뜻한다.

인은 공기 중에서 쉽게 자연발화(自然發火)하며, 빛을 쬐면 푸른빛을 내는 특징이 있다. 인이 내는 불빛을 인광(燐光)이라 하며, 형광체가 내는 형광(螢光)은 빛을 제거하면 바로 사라지지만 인광은 빛을 제거하여도 한동안 빛을 내는 특징이 있다. 불빛이 사라진 후에도 한동안 인광을 유지하고 있으므로 어두운 밤에 홀로 빛을 내는 것처럼 보이게 되는 것이다.

인은 모든 생물의 세포에서 발견되며, 특히 동물의 뼈에 많이 들어있어서 공동묘지 근처에는 인이 많고 도깨비불이 나타날 가능성도 커지게 된다. 인광은 빛을 제거하여도 한동안 빛을 내므로 인은 야광

표지판에 사용된다. 인은 발화하기 쉬우므로 성냥, 화약 등의 원료로 사용되며, 그 외에도 비료, 세제, 살충제 등의 원료로도 사용된다.

인의 원소기호는 'P'이고, 원자번호는 '15'이다. 인은 반응성이 높아 자연 상태에서는 원소 형태로는 존재하지 못하고 인광석(燐光石) 등의 광물질로 발견된다. 금, 은, 철, 구리, 주석, 납, 수은 등의 원소는 고대로부터 알려져 있었으며 누가 발견했는지 알 수 없으나, 인은 발견자가 알려진 첫 번째의 원소이다.

중세부터 17세기 후반까지 이른바 '현자의 돌(philosopher's stone)'은 연금술사(鍊金術師)들에게는 최고의 목표였다. 현자(賢者)의 돌이란 철, 주석, 납, 아연, 구리와 같은 일반 금속을 금이나 은과 같은 귀금속으로 바꿀 수 있는 물질이라고 믿었던 가상의 존재이다.

1669년 독일의 연금술사 헤니그 브란트(Hennig Brand)는 현자의 돌을 얻는 시험을 하던 중 사람의 오줌에서 차갑고 사라지지 않는 빛을 발하며, 공기 중에서 스스로 불이 붙는 물질을 발견하고 '파스퍼러스(phosphorus)'라는 이름을 붙였다.

이는 그리스어로 '빛'을 뜻하는 'phos'와 '운반자'를 뜻하는 'phoros'에서 따와 '빛을 가져오는 것'이라는 의미이다. 이는 당시에 어두운 곳에서 빛을 내는 것들을 총칭하던 용어였으며, 후에 인의 공식 명칭이 되었다.

인을 발견한 브란트는 1680년 아일랜드의 로버트 보일(Robert Boyle)에 의해 재발견될 때까지 그 사실을 비밀로 하고, 사람들에게 돈을 받고 인광(燐光)을 보여주어 부자가 되었다. 브란트는 금을 만들지는 못하였으나, 새로운 원소를 발견하여 돈을 번 최초의 인물이었다.

인이 널리 알려지기 전까지는 사기꾼이나 사이비종교 지도자 등도 인을 섞어 글자 등을 써놓고 밤중에 사람들에게 보여줌으로써 신통력이라거나 신의 계시라며 속이는 일이 많았다. 보일은 연금술이 금을 만들기 위해서가 아니라 인간 생활에 유용하여야 한다는 생각을 하고 있었으며, 인의 정체를 모두에게 널리 알렸다.

화학자이자 물리학자였던 보일은 화학에 실험적 방법과 입자 철학을 도입하여 화학을 자연과학의 한 분야로 확립하여 '화학의 아버지'라 불린다. 실험을 중시하였던 그는 '보일의 법칙(Boyle's law)'을 발견하였고, 정성분석(定性分析)의 기초를 확립하였으며, 원소가 궁극적으로 다양한 종류와 크기의 입자로 구성되었다는 가설을 세우는 등의 업적을 남겼다.

1769년 스웨덴의 화학자 요한 고틀리브 간(Johan Gottlieb Gahn)과 스웨덴 출신 독일인 칼 빌헬름 샤일(Carl Wilhelm Scheele)은 뼈에서 인을 추출하여 인이 뼈의 구성요소임을 발견하였다. 1777년 프랑스의 라부아지에(Antoine Laurent Lavoisier)는 최초로 인을 원소(元素)로 인식하였다.

인은 인체에서 칼슘 다음으로 많은 미네랄이며, 체중의 약 1%를 차지한다. 약 85%는 칼슘과 함께 골격과 치아의 성분이 되고, 약 15%는 인지질(phospholipid)의 형태로 세포막의 구성성분이 되거나 핵산, ATP의 형태로 모든 세포 조직에 들어있으며, 약 1%는 혈액 등 세포외액(細胞外液)에 존재한다.

DNA, RNA 등의 핵산은 생명체가 한 세대에서 다음 세대로 유지되는 유전(遺傳)을 담당하는 중요한 물질이므로 인은 사람뿐만 아니라 모든 생물체에 필수적인 원소이다. ATP(adenosine triphosphate)는 3개의 인산기(燐酸基)를 가지고 있으며, 인산기 하나가 떨어져 나가는 에너지대사를 통해 ADP(adenosine diphosphate)가 되면서 방출되는 에너지를 이용하여 인체가 필요한 여러 활동을 하게 된다.

체액(體液) 속에 있는 인은 칼슘과 함께 산·알칼리 균형을 유지하고, 생체신호 전달 등에 기여한다. 체액 내의 인과 칼슘의 농도는 상호작용하게 되어 인의 농도가 높으면 칼슘의 농도가 낮아지고, 반대로 칼슘의 농도가 높아지면 인의 농도가 낮아지게 된다. 인의 농도는 부갑상선호르몬과 비타민D의 작용으로 조절된다.

인은 인체에서 매우 중요한 역할을 담당하고 있으면서도 영양소로서 그 중요성이 별로 강조되고 있지 않은 것이 현실이다. 그 이유는 인이 거의 모든 식품에 함유되어 있으므로 정상적인 식사를 하는 사람이라면 결핍증이 나타나지 않기 때문이다. 우리나라의 경우 대부분 사람에게 인의 섭취량은 충분하고 오히려 과잉 섭취가 우려될 정도이다.

인의 함량이 높은 식품으로는 우유 및 유제품, 육류, 계란, 생선, 곡류, 견과류 등이 있다. 백미는 인의 함량이 높은 식품은 아니지만, 섭취량이 많아 한국인에게 인의 주요 급원 식품이 된다. 인의 흡수율은 함께 섭취하는 식품 중에 있는 다른 미네랄의 함량에 의해 영향을 받을 수 있는데, 특히 칼슘이 많이 포함되어 있으면 인의 흡수율이 낮아진다.

식품 속의 인은 형태에 따라서도 흡수율에 차이가 있다. 무기인은 쉽게 흡수되지만, 유기물과 결합한 인은 흡수율이 다소 떨어진다. 따라서 가공식품에 식품첨가제로 함유된 인은 거의 100% 흡수되며, 일반 식품에 포함된 인의 흡수율은 40~60% 정도에 불과하다. 최근 가공식품의 섭취량이 증가하면서 인의 섭취량은 점점 늘어가고 있는 경향이다.

정상인에서 인 결핍 증세는 상당히 드물지만, 만성질환을 앓고 있는 환자는 결핍이 발생하기도 한다. 인 부족 증상으로는 식욕 저하, 뼈의 통증, 운동실조, 골연화증, 빈혈, 면역력 약화, 감각 이상, 혼돈 등이 있으며, 심하면 사망에까지 이를 수 있다.

인을 지속해서 과잉 섭취할 경우는 혈액 속 칼슘의 농도가 낮아지고 인의 농도를 증가시켜 고인산혈증(高燐酸血症, hyperphosphatemia)을 초래한다. 고인산혈증의 대표적인 증상은 부갑상선호르몬 분비 항진, 연조직의 석회화, 골다공증, 칼슘 흡수장애 등이다. 또한 인의 과잉은 심장 및 혈관 기능에 문제를 일으켜 심혈관질환의 발병 위험률을 증가시킨다.

〈한국인 영양소 섭취기준〉에 의하면 인의 일일 권장섭취량은 1~2세 유아는 450mg이며, 나이가 들면서 증가하게 된다. 9~18세에서 최고치를 보여 1,200mg이고, 19세 이상 성인은 700mg이다. 1세 미만 영아의 경우 충분섭취량만 100~300mg으로 설정되어 있다. 상한섭취량은 1~8세와 75세 이상 및 임신부는 3,000mg이고, 9~74세 및 수유부는 3,500mg으로 되어 있다.

20
나트륨

나트륨은 지구 표면에 칼슘 다음으로 많은 6번째 원소이나, 다른 알칼리 금속원소와 마찬가지로 반응성이 높아서 자연에서 단독으로 존재하지 못하고 다른 물질과 결합한 화합물로 존재한다.

그중 대표적인 것이 소금(염화나트륨, NaCl)이다. 소금은 바닷물 중에 평균 2~3% 정도 함유되어 있을 만큼 양이 풍부하고, 음식의 짠맛을 부여하고 저장성을 높여주는 역할을 하므로 인류는 선사시대부터 이용했다.

나트륨의 원소기호는 'Na'이고, 원자번호는 '11'이다. 대한화학회에서는 독일식 이름인 나트륨(natrium) 대신 소듐(sodium)이란 영어식 이름을 사용하도록 하고 있어 학술적으로는 소듐으로 표현되고 있으나, 일반인들은 나트륨이란 단어에 익숙하여 보통 나트륨이라고 부르고 있다. 국립국어원에서는 나트륨과 소듐 모두 표준어로 인정하고 있다.

소금은 오래전부터 알고 있었으나 나트륨의 존재를 명확히 인식하게 된 것은 18세기 중반의 일이다. 1758년 독일의 안드레아스 지기스문트 마르그라프(Andreas Sigismund Marggraf)는 불꽃반응(flame reaction)이라 불리는 실험을 통하여 나트륨 화합물과 칼륨 화합물을 구분하는 데 성공하였다. 불꽃반응에서 나트륨은 노란색을 띠고 칼륨은 엷은 보라색을 보인다.

1807년 영국의 데이비(Humphrey Davy)는 전기분해(電氣分解, electrolysis) 방법으로 순수한 나트륨을 분리하는 데 최초로 성공하고, '소다(soda)'라는 단어에서 이름을 따와 '소듐(sodium)'이라고 명명하였다. 그는 같은 해에 칼륨도 분리하였으며, 이듬해인 1808년에는 칼슘을 분리해 내었다.

'soda'는 영국에서 오래전부터 가성소다(수산화나트륨), 탄산소다(탄산나트륨) 등 나트륨을 함유하는 화합물을 지칭할 때 사용하던 용어였으며, 원래는 라틴어로 두통 치료약을 의미하는 'sodanum'에서 왔다. 고대 로마 사람들은 두통 치료에 소다를 사용하기도 하였다고 한다. 지금도 영국에서는 'sodium' 대신에 'soda'라고 부르기도 한다.

1809년 독일의 루드비히 빌헬름 길버트(Ludwig Wilhelm Gilbert)가 소듐 대신에 '나트로늄(natronium)'이란 용어를 처음 사용하였으며, 1813년 스웨덴의 옌스 야곱 베르셀리우스(Jöns Jacob Berzelius)가 '나트륨(natrium)'이라고 이름을 줄여서 사용하였다. 이 용어는 라틴어의 'natrum'에서 왔으며, 고대 로마 사람들이 비누를 만들 때 사용하던 흰색 가루를 지칭하던 말이었다.

사람 체중의 약 70%가 물이며, 세포막(細胞膜)을 경계로 세포 안에 존재하는 세포내액(細胞內液)과 세포 밖에 존재하는 세포외액(細胞外液)으로 구분된다. 세포내액은 일반 세포에서 전체 용적의 약 70%를 차지한다. 세포외액은 혈액 중의 액체 성분인 혈장, 림프액(lymph) 등을 말한다.

나트륨은 세포외액에 존재하는 대표적인 양이온으로서 세포내액에 존재하는 칼륨 양이온과 함께 정상적인 삼투압(滲透壓)을 조절하여 체액량 유지와 수분 균형을 이루는 역할을 한다. 또한 나트륨은 신경 자극 전달, 근육의 수축 및 심장의 기능에 필수적인 세포막의 전위(電位)를 조절하며, 혈액의 pH 균형을 유지하는 역할을 한다.

정상적인 나트륨의 농도는 혈액 1L당 140mmol 정도이며, 145mmol 이상으로 높은 상태를 고나트륨혈증이라 하고, 135mmol 이하인 경우를 저나트륨혈증이라고 한다. 저나트륨혈증은 수분 섭취가 너무 많거나 나트륨이 결핍될 때 발생하며, 그 증상으로 혈압 저하, 체온 저하, 신진대사 저하, 탈수, 설사 등이 나타난다.

고나트륨혈증은 저나트륨혈증과 반대로 나트륨이 과잉 상태일 때 발생하며, 나트륨이 많다는 것은 수분이 적다는 것이므로 신체는 수분의 균형을 맞추기 위해 수분을 더욱 늘리려고 하기에 혈압 상승, 체중증가, 부종 등의 증상이 나타난다. 또한 뇌졸중, 심근경색, 심부전, 고혈압 등의 질환이 발생할 위험성을 증가시킨다.

나트륨의 해로운 점을 이야기할 때 가장 많이 거론되는 것이 고혈압의 원인이 된다는 점이다. 보통 수축기혈압이 120mmHg 미만이고 이완기혈압이 80mmHg 미만이면 정상혈압이라 하고, 각각 140mm

Hg 및 90mmHg 이상이면 고혈압이라고 한다. 혈압은 운동, 흥분, 안정 등으로 인하여 일시적으로 변화할 수 있으나, 고혈압은 혈압이 올라가서 내려가지 않는 상태가 지속해서 유지되는 것을 말한다.

과잉의 나트륨은 주로 소변과 땀으로 배출되며, 약 5% 정도가 대변으로 배설된다. 건강한 사람이라면 신장의 조절작용에 의하여 과잉의 나트륨과 수분이 소변으로 배설되고 나면 정상으로 회복되지만, 잘못된 식습관으로 인하여 항상 나트륨 과잉 상태에 놓인다면 신장의 조절 능력에도 한계가 오게 된다.

소변으로 배출되는 나트륨은 신체의 필요량에 따라 신장에서 재흡수 되기도 한다. 나트륨과 칼륨은 서로 길항작용(拮抗作用, antagonism)을 하므로 나트륨의 재흡수 및 배출에 있어 칼륨이 중요한 역할을 한다. 즉, 나트륨이 많으면 칼륨을 체외로 배설시키고, 반대로 칼륨이 많으면 나트륨을 체외로 배설시키게 된다.

나트륨이 신장에서 소변으로 배출될 때 칼슘도 함께 배출된다. 칼슘의 배출이 증가하면 체액 내의 칼슘이 부족하게 되고, 충분한 양의 칼슘이 식품으로 보충되지 않는다면, 부족한 칼슘 농도를 유지하기 위하여 뼈에서 칼슘이 빠져 나와 골다공증을 유발하게 된다.

우리가 섭취하는 나트륨은 대부분 소금($NaCl$)의 형태로 공급된다. 현대인의 식생활을 볼 때 결핍은 나타나기 어렵고 주로 과다 섭취가 문제이다. 한국인의 나트륨 섭취 주요 급원 식품을 조사해보니 간장, 된장, 고추장 등의 양념류, 김치류, 국이나 찌개, 라면을 비롯한 국수류, 젓갈 등으로 파악되었다.

세계보건기구(WHO)에서는 하루 2,000mg을 나트륨 섭취 권고량으로 정하고 있다. 그러나 2018년에 조사된 한국인의 나트륨 일일 평균섭취량은 3,255mg으로 이 기준을 크게 상회하고 있다.

나트륨의 섭취를 줄이기 위해서는 양념류, 김치류, 젓갈류의 섭취를 줄이고, 조리 시 소금, 간장 등을 적게 넣는 것이 필요하다. 라면, 국수 등의 면류 및 국이나 찌개류는 국물의 섭취를 줄이는 것이 필요하다. 무엇보다도 어릴 때부터 싱겁게 먹는 식습관을 가질 수 있도록 부모가 노력하여야 한다.

몸에 좋다는 식품에 몰두하는 것이 위험한 것처럼 몸에 나쁘다는 식품을 마냥 기피만 하는 것도 좋지 않다. 나트륨이 나쁘다고 하여 나트륨 섭취를 줄이려고 나트륨 함량이 높은 식품을 기피하다 보면 그 식품에 있는 유용한 성분까지 놓치게 되고 때로는 식사의 즐거움까지 잃어버리게 된다.

나트륨을 다소 많이 섭취하더라도 건강한 사람이라면 인체의 항상성 유지 기능에 의해 조절되며, 평소에 운동이나 노동으로 땀을 흘리고 물로 수분을 보충하면 체액 중의 나트륨 농도를 적정하게 유지할 수 있다. 나트륨 섭취를 줄이는 노력은 하여야 하지만 과민하게 반응할 필요는 없다.

한국인의 경우 WHO의 나트륨 섭취 권고량인 하루 2,000mg의 실현 가능성이 작고, 또한 2,000mg이란 섭취기준이 타당한가에 대한 의문이 제시되기도 하여 새로운 기준이 필요하게 되었다.

따라서 2020년 〈한국인 영양소 섭취기준〉에서는 상한섭취량 대신에 '만성질환 위험감소섭취량'이란 새로운 개념을 도입하였다. 이것은 2015년에 제시하였던 '목표섭취량'과 유사한 개념으로서, 만성질환의 위험을 감소시킬 수 있는 최저 수준의 섭취량을 의미한다.

이는 이 기준치 이하를 목표로 섭취량을 감소시키라는 의미가 아니라 그 기준치보다 높게 섭취할 때 전반적으로 섭취량을 줄이면 만성질환에 대한 위험을 감소시킬 수 있다는 의미이다. 만성질환 위험감소섭취량은 나트륨 섭취와 만성질환 사이의 인과적 연관성에 대한 충분한 분석 결과를 바탕으로 설정되었다.

〈한국인 영양소 섭취기준〉에서 정한 나트륨의 만성질환 위험감소섭취량은 1~2세의 1,200mg에서 나이가 들면서 점점 증가하여 9~64세에 2,300mg으로 최고치를 보인 후 다시 감소하여 75세 이상은 1,700mg이다.

나트륨의 경우 필요량을 추정하기에 충분한 과학적 근거가 없으므로, 평균필요량과 권장섭취량을 제시하지 않고 일일 충분섭취량만 설정되어 있다. 〈한국인 영양소 섭취기준〉에 의하면 1세 미만 영아는 110~370mg이고, 1~5세 유아는 810~1,000mg이다. 6~8세는 1,200mg이고, 9~64세는 1,500mg이며, 65~74세는 1,300mg이고, 75세 이상은 1,100mg이다.

21
염소

염소의 원소기호는 'Cl'이고, 원자번호는 '17'이다. 염소는 활성이 강하기 때문에 자연 상태에서는 단독으로 존재하지 못하고 보통 화합물의 형태로 존재한다. 대표적인 화합물은 나트륨(Na)과 결합한 염화나트륨(소금, NaCl)이고, 현재까지 약 2천 종류의 염소 화합물이 알려져 있다.

화학에서는 일반적으로 양이온과 음이온이 전기적인 인력으로 결합한 화합물을 염(鹽, salt)이라 부르며, 염소는 나트륨 이외에도 대부분의 금속과 반응하여 염화물(鹽化物)을 만든다. 대표적으로 염을 만드는 물질이 염소이기 때문에 이 원소의 이름으로 '염소(鹽素)'라는 명칭이 사용되었다.

한자 염(鹽)에는 일반적으로 사용하는 소금이란 뜻도 있기 때문에 혼동을 피하고자 식용으로 하는 소금은 보통 식염(食鹽)이라고 구분하여 부른다. 오늘날 염소는 합성수지(PVC), 농약, 의약품 등의 원료로 많이 사용되고 있으며, 또한 산화력(酸化力)이 높고 살균작용이 뛰어나서 소독제, 살균제, 표백제 등의 원료로도 사용된다.

염소 원자 두 개가 결합한 염소 분자(Cl_2)는 자극성이 있는 황록색 기체이며, 공기보다 2.5배 정도 무거워서 지표면에 머물러있는 특성이 있다. 제1차 세계대전 때에는 독일군에 의해 사용되어 수많은 연합군을 질식시키기도 하였으며, 화학무기를 사용한 최초의 기록으로 남아있다.

소금(염화나트륨)을 비롯한 염소의 화합물들은 먼 옛날부터 이용됐으나, 단일물질로서의 염소는 1774년 샤일(Carl Wilhelm Scheele)에 의해 최초로 발견되었다. 그러나 그는 이 물질이 강한 산화력을 가지고 있으므로 산소를 포함한 화합물로 인식하고 새로운 원소라고는 생각하지 않았다.

염소를 처음으로 원소로 인정하고 이름을 붙인 것은 1810년 데이비(Humphrey Davy)였다. 그는 염소 기체가 황록색을 띠고 있으므로 그리스어로 황록색을 의미하는 'chloros'에서 이름을 따와 '클로린(chlorine)'이라고 불렀으며, 이 명칭은 현재 IUPAC에서 인정하는 공식 명칭이 되었다.

염소는 세포외액에 존재하는 음이온 중에서 가장 많은 양을 차지하고, 나트륨과 함께 체액의 pH 균형 및 삼투압을 정상으로 유지하는 역할을 하며, 신경 자극의 전달에도 관여한다. 염소는 수소이온과 결합하여 염산(HCl)을 형성하며, 위액(胃液)의 주요 구성성분이 된다.

위액의 염산은 위산(胃酸)이라고 부르고, pH 0.9~1.5 정도의 강산

(強酸)이다. 이로 인해 위 속의 pH는 보통 3 이하이므로 음식물과 함께 섭취된 대부분의 미생물은 사멸하고 만다. 위산은 살균작용 이외에도 단백질 소화효소인 펩시노젠(pepsinogen)을 펩신(pepsin)으로 활성화해 단백질을 분해하는 작용을 한다.

염소는 주로 소금의 형태로 나트륨과 함께 섭취되므로 결핍되는 일은 거의 없으나, 만일 결핍이 발생하면 위액의 산도가 저하되고 구토, 설사, 식욕부진, 소화불량 등의 증상이 나타날 수 있다. 한국인의 경우에는 과잉 섭취가 우려되고 있으며, 염소가 과잉되면 탈수, 고혈압, 위산과다, 위궤양 등이 나타날 수 있다.

사용하고 남는 염소는 소변 등으로 배설되어 인체에는 항상 적정량의 염소만이 남아있게 된다. 소변으로 배출되는 염소의 양은 신장에서 조절되며 전체 배출량의 90~95% 정도이고, 4~8%가 대변으로 배설된다. 땀으로도 약 2% 배출되며, 더운 날이거나 심한 운동을 하였을 때는 땀으로 배출되는 양이 증가한다.

염소의 원자량은 '35.45'이고 나트륨의 원자량은 '22.99'이므로, 무게로 보아 소금의 약 60%는 염소이고, 약 40%가 나트륨이 된다. 즉, 소금을 먹게 되면 나트륨의 1.5배에 해당하는 염소를 섭취하게 되는 셈인데, 소금의 과다 섭취를 이야기할 때는 주로 나트륨을 거론하게 된다.

그 이유는 나트륨의 과잉에 의한 위험성에 관한 연구는 많이 되었으나, 지금까지 염소의 과잉이 인체에 미치는 영향은 밝혀진 것이 별로 없기 때문이다. 인체의 조절 능력에 의해 실제로 염소 과잉으로 인한 부작용은 거의 없으며, 따라서 상한섭취량은 설정되지 않았다.

〈한국인 영양소 섭취기준〉에는 자료의 부족으로 권장섭취량도 설정되어 있지 않고 충분섭취량만 제시되고 있다. 1세 미만 영아는 170~560㎎이고, 1~8세는 1,200~1,900㎎이다. 9~64세의 경우에 최고치인 2,300㎎이고, 65~74세는 2,100㎎이며, 75세 이상은 1,700㎎이다.

22

칼륨

칼륨은 지각을 구성하는 원소 중에서 7번째로 풍부하고, 광택이 나는 은백색 알칼리 금속으로 원소기호는 'K'이며, 원자번호는 '19'이다. 칼륨은 화학적으로 나트륨과 매우 유사하며, 순수한 칼륨은 반응성이 크기 때문에 자연계에서는 단독으로 있지 못하고 화합물의 형태로 존재한다.

이탈리아의 물리학자 알레산드로 볼타(Alessandro Volta)는 전기에 큰 관심을 가지고 1775년에는 정전기를 발생시키는 장치를 개선했으며, 1800년에는 최초의 배터리(battery)를 고안하였다. 이는 화학 분야에 큰 발전을 이루는 계기가 되었으며, 전압의 단위인 볼트(volt, V)는 그의 업적을 기려 그의 이름에서 따서 지은 것이다.

1807년 데이비(Humphrey Davy)는 배터리를 이용한 전기분해 방법으로 칼륨을 얻었으며, 같은 해에 나트륨을 분리하는 데에도 성공하였다. 그 후에 그는 칼슘, 스트론튬, 바륨 및 마그네슘 등의 물질도 발견하였으며, 전기화학(電氣化學, electrochemistry)이란 새로운 분야를 대중화시킨 선구자였다.

식물의 재를 우려낸 물에서 잿물을 얻을 수 있다는 사실은 예로부터 알려져 있었으며 비누를 만드는 데 사용되었다. 잿물의 주성분은 탄산칼륨(K_2CO_3)이며, 영어로는 'potash'라고 한다. 이는 '냄비(pot)'와 '재(ash)'를 합한 말이며, '냄비의 물에 담긴 식물의 재'에서 유래된 것이다.

데이비는 수산화칼륨(KOH)를 전기분해 하여 칼륨을 얻었으며, 'potash'에서 이름을 따와 '포타슘(potassium)'이라고 이름 지었다. 1809년 독일의 루드비히 빌헬름 길버트(Ludwig Wilhelm Gilbert)는 포타슘 대신에 '칼륨(kalium)'이란 용어를 사용하였다. 칼륨은 '알칼리'와 '재'란 의미가 복합적으로 포함된 이름이며, 원소기호 'K'는 칼륨에서 따온 것이다.

산(酸)을 뜻하는 'acid'는 라틴어로 '시다'는 뜻의 'acidus'에서 유래하였고, '알칼리(alkali)'는 아랍어에서 유래하였다. 'alkali'의 'al'은 영어의 정관사 'the'에 해당하는 말이고, 'kali'는 재(ash)를 의미하는 아랍어 'qaliy'에서 온 말이므로, 'alkali'란 영어의 'the ash'에 해당하는 셈이다.

칼륨은 국제적으로는 IUPAC에서 정한 공식 이름인 포타슘(potassium)으로 부르는 것이 일반적이다. 대한화학회에서는 영어식 이름인 포타슘을 원칙으로 하고 독일어식 이름인 칼륨의 사용도 허용해왔으나, 2014년부터 포타슘 단독 표기로 방침을 바꿨다. 국립국어원에서는 칼륨과 포타슘을 모두 표준어로 인정하고 있지만, 일반인들은 보통 칼륨이라고 부르고 있다.

칼륨은 인체에 칼슘, 인 다음으로 많이 존재하는 미네랄이지만 상대적으로 중요성이 별로 인식되지 않고 있는 것이 현실이다. 세포 내액에 가장 풍부한 양이온인 칼륨은 모든 신체 조직에 존재하며, 삼투압 및 혈액의 pH 균형을 유지하는 역할을 하고, 신경 전달, 근육 수축 등 생리작용에 관여한다.

칼륨은 근육을 이완시키는 작용을 하므로 칼륨의 농도가 너무 높으면 심장근육이 지나치게 이완되어 심장마비를 유발하며, 칼륨 평형이 깨지면 부정맥이 발생한다. 또한 칼륨은 인슐린의 분비를 촉진하여 당질대사와 단백질 합성에 관여하는 효소 반응을 조절한다.

혈청(血淸) 중 칼륨의 농도는 3.5~5.0mmol/L 정도가 정상이며, 3.5mmol/L 미만이면 저칼륨혈증이라고 하고 5.0mmol/L 이상이면 고칼륨혈증이라고 한다. 칼륨이 결핍되면 무력감, 식욕부진, 메스꺼움, 불안, 불면증, 근육경련, 근육마비 등이 나타난다. 한편 칼륨이 과잉되면 근육 허약, 호흡곤란, 정신 혼란 등의 증세가 나타난다.

칼륨과 나트륨은 대표적인 길항작용 관계에 있으며, 나트륨이 많으면 칼륨을 체외로 배설시키고, 반대로 칼륨이 많으면 나트륨을 체외로 배설시킨다. 혈액 중에 나트륨 농도가 높으면 고혈압이 된다고 하지만, 실제로는 나트륨의 절대적인 함량보다 나트륨과 칼륨의 비율이 더 중요하다.

길항작용(拮抗作用, antagonism)이란 2가지 요인이 동시에 작용하여 그 효과를 서로 상쇄시키는 것을 말한다. 근육을 펴는 작용과 구부리는 작용은 길항작용의 예이며, 인체에는 이런 길항작용을 하는 요인들이 많이 있어서 몸의 항상성(恒常性)을 유지하고 있다.

칼륨은 토양 중에 많이 있어 식물의 뿌리로부터 물과 함께 흡수되고, 먹이사슬을 통하여 동물에게도 축적되므로 채소류, 해조류, 두류, 곡류, 과일류, 육류, 어패류 등 거의 모든 식품에 포함되어 있으며, 동물성 식품보다는 식물성 식품에 많은 편이다. 특히 함량이 높은 것으로는 다시마, 시금치, 바나나, 고구마, 수박, 토마토, 감자 등이 있다.

건강한 상태에서는 칼륨 결핍증이 나타나지 않지만, 설사제 남용이나 이뇨제 과용, 심각한 영양실조, 알코올 의존증 등에 의해 부족하게 될 수 있으며, 격렬한 운동을 하는 사람도 칼륨 결핍의 위험이 있다. 나트륨 섭취가 많은 한국인의 경우 칼륨이 상대적으로 부족하기 쉬우므로 나트륨과 적정비율을 유지하기 위하여 충분히 섭취하는 것이 좋다.

신장의 기능이 정상이면 일상 식사에서 섭취하는 정도로는 칼륨 과잉이 나타나기 어려우나, 고용량의 칼륨 보충제를 복용하면 과잉이 발생할 수 있다. 그러나 고용량의 칼륨 보충제를 복용한 때도 명확한 임상 평가 결과가 보고되지 않아 칼륨의 상한섭취량은 설정되지 않았다.

〈한국인 영양소 섭취기준〉에는 일일 충분섭취량만 제시되어 있다. 1세 미만 영아는 400~700㎎이고, 나이가 많아짐에 따라 증가한다. 1~5세 유아는 1,900~2,400㎎이고, 6~11세는 2,900~3,400㎎이며, 12세 이상은 3,500㎎이다. 수유부는 추가로 400㎎이 필요하다.

23
마그네슘

  마그네슘은 지각을 구성하는 원소 중에서 8번째로 풍부하며, 바닷물에도 세 번째로 많이 녹아있는 물질이다. 마그네슘의 원소기호는 'Mg'이고, 원자번호는 '12'이다. 마그네슘은 자연 상태에서는 단일 원소로 존재하지 않고 대부분 규산, 황산, 탄산 등과 결합한 염(鹽)의 형태로 존재한다.

  예전에는 마그네슘과 칼슘을 같은 물질로 생각하였으며, 실험을 통하여 마그네슘이 칼슘과는 다른 별도의 원소라는 것을 최초로 인식한 것은 1755년 영국의 조셉 블랙(Joseph Black)이었으며, 1808년 영국의 데이비(Humphrey Davy)는 전기분해 방법으로 마그네슘을 최초로 분리하는 데 성공하였다.

  데이비는 새로운 원소에 망간의 명칭과 헷갈리지 않도록 '마그늄(magnium)'이란 이름을 붙였다. 그러나 이 이름은 거의 사용되지 않고, 현재는 '마그네슘(magnesium)'이라는 명칭이 일반적이다. 마그네슘이나 마그늄은 모두 마그네시아(Magnesia)라는 지명에서 유래된 이름이다.

마그네시아는 그리스의 테살리아(Thessaly)에 있던 한 지역이며, 마그네사이트(magnesite), 자철광(magnetite) 등 여러 가지 광물이 많이 산출되던 곳이다. 마그네슘뿐만 아니라 망간(manganese), 자석(magnet) 등의 어원도 이곳에서 유래되었다. 탄산마그네슘($MgCO_3$)이 주성분인 마그네사이트는 당시에는 '마그네시아알바(Magnesia alba)'라고 불렸으며, '마그네시아에서 온 하얀 돌'이란 의미이다.

마그네슘은 다량미네랄의 하나로서 건강한 성인의 체내에는 약 25g이 들어있고, 이중 약 60%가 칼슘, 인 등과 함께 뼈와 치아의 구성성분이 된다. 나머지 약 40%는 근육 및 연조직의 세포내액에 함유되어 있으며, 약 1% 정도가 혈액 등 세포외액에 존재한다. 세포외액의 마그네슘 농도가 낮아지면 뼈에 있던 마그네슘이 빠져나와 적정 농도를 유지하게 된다.

마그네슘의 주요 기능은 효소의 활성화이며, 마그네슘은 인체 내에서 이루어지는 ATP 합성, 단백질 합성, 레시틴 합성, 핵산의 합성과 분해 등 300종 이상의 효소반응에서 보조인자(cofactor)로서 작용한다. 특히 탄수화물 대사에 관여하여 에너지 생성 과정에 중요한 역할을 한다.

마그네슘은 칼슘, 칼륨, 나트륨 등과 함께 신경자극 전달과 근육의 수축 및 이완을 조절하는 양이온이며, 칼슘과 상반된 작용을 한다. 칼슘은 신경을 흥분시키고 근육을 긴장시키는 데 반하여 마그네슘은 신경을 안정시키고 근육을 이완시킨다. 따라서 칼슘에 비해 마그네슘이 상대적으로 부족하면 심근의 이상 흥분으로 심장발작을 일으킬 수 있다.

마그네슘은 흥분을 진정시키는 천연 신경안정제이며, 의약용으로는 마취제나 항경련제 성분으로 이용되기도 한다. 또한 마그네슘은 칼륨과 나트륨의 세포막을 통한 이동에도 작용하여 칼륨이 세포 안으로 들어가도록 하며, 나트륨은 세포 밖으로 나오도록 한다. 따라서 마그네슘이 결핍되면 세포내액의 칼륨도 감소한다.

마그네슘은 광합성 작용을 하는 엽록소(葉綠素, chlorophyll)의 구성성분이므로 녹색 채소에 많이 함유되어 있으며 견과류, 두류, 곡류, 해조류, 육류 등 대부분 식품에도 들어있다. 곡류는 도정 과정에서 대부분 손실되므로 마그네슘은 백미보다는 현미에 많이 있다.

섭취한 식품 중에서 흡수되지 않은 마그네슘은 대변으로 배출되며, 흡수된 마그네슘은 주로 소변을 통하여 배출되지만, 대부분 신장에서 재흡수 되고 실제로 배출되는 양은 매우 적다. 신장에서의 재흡수는 체내에 보유한 마그네슘의 양과 섭취된 음식의 마그네슘 함량에 의해 조절된다.

건강한 사람의 경우 일상적인 식사만으로도 마그네슘이 결핍되는 일이 없으나, 스트레스를 많이 받거나 과도한 운동을 할 때 또는 알코올 섭취가 많으면 마그네슘이 소변으로 배설되는 양이 증가하여 부족해질 수 있다. 또한 이뇨제를 사용하는 환자도 마그네슘 결핍이 발생할 수 있다.

마그네슘이 결핍되면 초기에는 식욕부진, 구역, 구토, 피로감 등이 나타난다. 결핍이 악화됨에 따라 신경과민, 수족냉증, 무감각, 저림, 근육 수축 및 경련, 발작, 비정상적인 심장박동 및 관상동맥 경련이 발생할 수 있다. 결핍이 심할 때는 저칼슘혈증과 저칼륨혈증을 초래하여 이미 가지고 있던 질병을 악화시키고 합병증을 유발한다.

여분의 마그네슘은 신장에서 걸러져 소변으로 배출되므로 일반적으로 과잉이 발생하기는 어렵다. 그러나 신장의 기능이 손상되면 마그네슘 배설이 감소하여 혈액 내의 마그네슘 농도가 높아질 수 있으며, 영양보충제나 약물로 인하여 과잉이 발생할 수 있다. 증상으로는 설사, 구토, 오심, 복부 경련, 저혈압, 두통 등이 있다.

일반 식품으로 섭취하는 마그네슘의 유해영향에 대한 과학적 근거는 없으며, 약리적 목적으로 사용되는 마그네슘의 과잉 섭취는 유해영향을 보인다는 보고가 있기 때문에 마그네슘의 상한섭취량은 약물이나 영양보충제와 같은 식품 외 급원에 국한하고 있다.

〈한국인 영양소 섭취기준〉에 의하면 마그네슘의 일일 권장섭취량은 1~2세 유아의 70mg에서 나이가 많아짐에 따라 증가하게 된다. 남자의 경우 15~18세에서 410mg으로 최고치를 보이고, 성인이 되면 370mg이 된다. 여자는 15~18세에서 340mg으로 최고치를 보이고, 성인이 되면 280mg이 되며, 임신부는 추가로 40mg이 필요하다. 1세 미만 영아는 25~55mg의 충분섭취량만 설정되어 있다. 상한섭취량은 남녀 모두 1~2세 유아의 60mg에서 나이가 많아짐에 따라 증가하여 15세 이상은 350mg이다.

24
철

철(鐵)은 지구 구성 물질의 대부분을 차지하여 지구 중량의 약 32%에 해당한다. 철은 대부분 지구 중심핵에 존재하여 지각에서는 산소, 규소, 알루미늄에 이어 네 번째로 많고, 지각의 약 5.6%를 차지한다. 지각에서는 순수한 철로서 존재하는 것은 드물고 주로 광석(鑛石)의 형태로 존재한다.

지각에서 철보다 풍부한 산소, 규소, 알루미늄 등은 지각 전체에 널리 분산되어 있는 데 비하여 철은 철광맥의 형태로 일정한 위치에 집중적으로 존재하여 채취하기가 쉬웠으며, 오랜 옛날부터 유용하게 이용할 수 있었기 때문에 가장 흔한 금속이 되었다.

철광석으로부터 철을 생산하기 시작한 것은 BC 1500년경 지금의 터키 지역인 소아시아 북서부 지역에 있었던 히타이트(Hittite) 왕국으로 알려져 있다. 이 왕국은 BC 1600년경에 설립되어 BC 1178년경에 멸망하였으며, 그들의 제철 기술은 왕국이 무너진 후 다른 지역으로 전파되어 철기시대를 열게 되었다.

철의 원자번호는 '26'이고, 원소기호는 'Fe'이며 라틴어로 철을 의미하는 '훼럼(ferrum)'에서 유래되었다. IUPAC의 공식명칭은 영어로 철을 뜻하는 '아이언(iron)'이며, 'ferrum'의 사용도 허용하고 있다. 철을 뜻하는 우리의 고유어는 '쇠'이지만, 대한화학회에서 정한 공식 화학명은 '철'이다.

철은 미량무기질로서 인체에는 작은 못 1개 정도의 무게인 3~5g 정도가 있을 뿐이지만 하는 역할은 아주 중요하다. 인체에 있는 철의 약 70%는 적혈구에 존재하고, 약 20%는 간, 지라(비장, 脾臟), 골수, 신장 등의 조직에 포함되어 있으며, 약 5%는 근육에 있고, 나머지 약 5%는 효소의 구성성분으로 존재한다.

철은 크게 활성형 철과 저장형 철로 구분되며, 체내 철의 약 80%는 신체의 대사활동에 직접 참여하는 활성형이고, 나머지 약 20%는 저장형이다. 활성형 철은 헴(heme)이나 효소의 구성성분이 되는 철을 말하며, 저장형 철은 페리틴(ferritin)이나 페리틴의 분해 산물인 헤모시데린(hemosiderin)의 형태로 저장되어 있다가 필요한 때에 철을 공급하는 역할을 한다.

철의 가장 중요한 역할은 체내 산소운반에 절대적으로 필요한 헴의 구성성분이라는 것이다. 헴은 철 원자 하나를 가운데 두고 둥근 고리 모양을 이루고 있는 포르피린(porphyrin)이란 화합물로 구성되어 있으며, 혈색소(血色素)라고도 하는 헤모글로빈(hemoglobin)은 헴 구조 4개가 모여서 이루어진다.

혈액은 크게 혈구(血球)와 혈장(血漿)으로 구분되며, 혈구는 적혈구(赤血球), 백혈구(白血球) 및 혈소판(血小板)으로 이루어져 있고, 혈장은 주로 수분으로 이루어져 있으며 혈액응고인자 및 전해질(電解質)이 포함되어 있다. 헤모글로빈은 적혈구 속에 다량으로 들어있는 색소단백질이다.

헴의 구조 속에 있는 철 원자 1개에 산소 1분자가 결합하므로 헤모글로빈 1분자에는 산소 4분자가 결합할 수 있다. 헤모글로빈은 폐로 들어온 산소를 각 조직의 세포로 운반하고, 각 세포에서 생성되는 이산화탄소를 폐로 운반하여 방출하도록 하는 역할을 한다.

사람의 근육세포에는 혈액의 헤모글로빈과 유사한 미오글로빈 (myoglobin)이란 물질이 있으며, 미오글로빈은 근육이 붉게 보이게 하는 적색소로서 1개의 헴을 포함하는 폴리펩타이드(polypeptide) 사슬로 이루어져 있다. 미오글로빈은 근육조직 내에 산소를 일시적으로 저장하였다가 에너지를 만드는 ATP 합성 과정에서 필요한 산소를 공급하는 역할을 한다.

인체 내에서 일어나는 다양한 생화학반응은 거의 모두 산소가 있어야 하며, 따라서 5분 이상 산소가 공급되지 못하면 사망에 이르거나 뇌사상태에 빠지게 된다. 한참 성장기에 있는 청소년들은 근육량이 늘어나고 신체 활동도 활발하기 때문에 더 많은 산소가 필요하고, 이에 따라 철분의 수요도 많아진다.

뇌의 신경신호를 전달하는 호르몬인 세로토닌(serotonin), 도파민 (dopamine), 아드레날린(adrenaline), 노르에피네프린(norepinephrine)

등의 호르몬이 부족해지면 정신적인 면에서 부정적인 영향을 주며, 철은 이런 호르몬의 합성에 필요한 효소의 보조인자로 작용한다.

철은 미토콘드리아의 전자전달계(電子傳達系)에서 산화환원 과정에 작용하는 효소의 구성성분이 되며, 콜라겐의 합성에 필요한 효소의 보조인자로도 작용한다. 이외에도 철은 과산화수소 분해효소, 탈수소효소 등의 보조인자로 작용하며, 알코올 대사나 약물 해독과 같은 여러 대사 과정에 관여한다.

철이 많이 들어 있는 식품으로는 간, 육류, 계란노른자, 굴, 조개, 해조류, 녹색채소, 콩 등이 있다. 식품 중에 있는 철은 함께 있는 다른 성분에 의해 흡수가 촉진되기도 하고 방해받기도 한다. 또한 철이 어떤 형태로 존재하는가도 흡수에 영향을 준다. 섭취빈도를 고려하여 한국인의 철 섭취에 기여도가 높은 식품으로는 백미, 돼지고기, 소고기, 달걀, 멸치, 배추김치 등이 있다.

식품 중의 철은 헴철(heme iron)과 비헴철(non-heme iron)로 구분되며, 헴의 구성성분이 되어있는 철을 헴철이라고 부르고 그 외의 철분은 비헴철이라고 한다. 헴철은 헤모글로빈이나 미오글로빈을 함유하고 있는 육류에 들어있고, 헴이 없는 식물성 식품이나 계란, 우유, 조개류 등에 있는 철분은 비헴철이다.

헴철은 그 형태 그대로 흡수되며, 흡수율이 20~30% 정도로 높고 다른 식이 요인에 의해 거의 영향받지 않는다. 그러나 비헴철은 위액, 담즙, 췌액 등 소화액에 의해 흡수가 가능한 형태로 변한 후에 흡수되며, 흡수율이 5~20% 정도로 낮고 여러 요인에 의해 흡수율이 영향받는다.

철은 화합물에서 -2, 0, +1, +2, +3, +4, +6 등 다양한 산화 상태를 가질 수 있으나, 주로 +2와 +3의 상태를 갖는다. 산화수가 +2인 철을 '제1철(Fe^{++})'이라고 하고, 산화수가 +3인 철을 '제2철(Fe^{+++})'이라고 부르며, 제2철은 제1철로 환원되어야만 흡수할 수 있기 때문에 일반적으로 제1철이 제2철보다 흡수율이 높다.

비타민C는 쉽게 철과 결합하여 용해성의 화합물을 형성할 뿐 아니라 효과적으로 제2철을 제1철로 환원시키기 때문에 철의 흡수를 촉진한다. 구연산(citric acid)과 육류에 존재하는 저분자 펩타이드(peptide)도 비헴철의 흡수를 용이하게 해주는 요인으로 여겨진다.

반면에 식이섬유, 곡류나 두류에 많은 피트산(phytic acid), 채소류에 많은 옥살산(oxalic acid), 적포도주 및 커피나 녹차의 성분인 타닌(tannin) 등은 비헴철의 흡수를 저해하는 성분들이다. 칼슘을 비롯하여 인, 아연, 망간, 카드뮴 등의 미네랄도 철의 흡수를 방해한다.

'철분'하면 시금치를 연상할 정도로 시금치에는 철이 많은 것으로 알려져 있다. 이것은 한 과학자의 실수로 철 함량이 부풀려지고, 미국 보건당국이 어린이에게 시금치를 장려하기 위해 제작한 만화영화 '뱃사람 뽀빠이(Popeye the Sailor)'에 의한 영향으로, 잘못된 상식이 널리 전파된 결과이다.

약간의 오해는 있으나 시금치는 여전히 철분이 많은 식품임에는 틀림이 없다. 그러나 뽀빠이처럼 시금치 통조림을 먹는다고 철분을 다량으로 흡수할 수는 없다. 시금치의 철분은 비헴철이어서 흡수율이 낮고, 시금치에는 철분의 흡수를 방해하는 옥살산과 식이섬유도 많이 포함되어 있기 때문이다.

인체에서 철의 평형은 흡수와 회수에 따라 잘 유지된다. 철의 저장량이 고갈되었을 때는 흡수가 증가하고, 저장량이 충분하면 흡수가 감소한다. 대부분 영양소는 한 번 사용한 후에는 체외로 배출되지만 철은 대부분 회수되어 재사용되고 배출되는 양은 매우 적다. 철은 출혈이나 월경으로 손실되기도 한다.

철 결핍은 전 세계적으로 흔한 증상으로 특히 철의 요구량이 많은 영유아, 청소년 및 임신부가 결핍되기 쉬우며, 월경에 의해 철의 손실이 발생하는 가임기 여성도 부족하기 쉽다. 영양 부족이나 철 흡수장애, 과다출혈, 제산제 등 약물의 장기간 복용 등도 철분 결핍의 원인이 된다.

영양 부족으로 철 결핍이 있는 경우에는 다른 영양소의 결핍증도 같이 가지고 있는 경우가 많다. 주로 식물성 식품으로 철분을 섭취하는 한국인의 경우 철분이 결핍되기 쉬우며 적극적인 철분 섭취가 요구된다. 철분을 강화한 가공식품이나 철분 보충제와 같은 건강기능식품을 복용하는 것도 좋은 방법이다.

철이 부족할 경우의 대표적인 증상은 빈혈이며, 이외에도 면역력 저하, 성장 지연, 신경발달 장애, 인지능력 저하, 행동장애, 피로, 생리불순, 갑상선 기능 저하 등의 증상이 나타난다. 특히 임신부의 경우에는 임신성 빈혈, 조산, 미숙아 출산, 사산 등의 위험이 있다.

식사를 통해 철이 과잉 섭취될 경우는 매우 드물다. 그러나 철분 보충제를 과다 복용하거나 약을 통해 급성 중독이 나타날 수도 있다. 철분 과잉의 증세로는 복부 통증, 구토, 변비, 편두통, 어지러움 등이 있으며, 과격하거나 공격적인 행동을 보이기도 한다. 철 중독이 심하면 혼수상태 또는 사망을 유발할 수도 있다.

〈한국인 영양소 섭취기준〉에 의하면 철의 일일 권장섭취량은 6개월 이상 영아 및 1~2세 유아의 6mg에서 나이에 따라 증가한다. 남자의 경우 14~18세에서 14mg으로 최고치를 보인 후 점차 감소하여 65세 이상은 9mg이다. 여자의 경우 12~14세에서 16mg으로 최고치를 보인 후 점차 감소하여 75세 이상은 7mg이며, 임신부는 추가로 10mg이 필요하다.

6개월 미만 영아의 경우에는 0.3mg의 충분섭취량만 설정되어 있다. 상한섭취량은 남녀 구분 없이 14세 이하는 40mg이고, 15세 이상은 45mg이다. 그러나 철 결핍에 의한 빈혈 등 치료 목적으로 의료진의 감독하에 철을 공급받는 사람들에게는 상한섭취량이 적용되지 않는다.

25
아연

아연은 흔한 금속 중의 하나로 인류는 아주 오랜 옛날부터 아연을 이용하여 왔다. 역사적으로 신석기시대의 다음 단계를 청동기시대라고 한다. 청동(靑銅)은 구리와 주석의 합금을 말하지만, 납이나 아연이 추가되기도 하였다. 한반도에서도 기원전 10세기경에 이미 아연이 포함된 청동기가 사용되었다.

구리와 아연이 다양한 비율로 혼합된 합금인 황동(黃銅, 놋쇠)은 아연이 별도의 원소로 발견되기 수천 년 전인 기원전 3000년경에 에게해(the Aegean) 지방과 현재의 이라크, 아랍에미리트, 칼미키아(Kalmykia), 투르크메니스탄, 그루지야 등의 지역에서 사용되었다.

아연 금속은 고대 로마인과 그리스인에게도 알려져 있었지만, 대규모로 생산되기 시작한 것은 12세기 인도에서였다. 세계에서 가장 오래된 아연 광산 중 하나인 인도 북서부의 라자스탄(Rajasthan)에 있는 자와르(Zawar) 광산에는 기원전 6세기에 이미 아연이 생산되고 있었다는 증거들이 발견되고 있다.

아연의 원소기호는 'Zn'이고, 원자번호는 '30'이다. IUPAC에서 정한 공식 명칭은 영어식 이름인 '징크(zinc)'이며, 이는 독일어의 'zink'에서 왔다. 'zink'는 스위스 출신 독일인인 필리푸스 아우레올루스 파라셀수스(Philippus Aureolus Paracelsus)가 1526년에 처음 사용한 'zinken'이란 단어에서 유래되었다.

'zinken'은 '뾰족한 끝을 만들다'라는 의미의 동사이며, 아연의 결정이 날카롭고 뾰족하였기 때문에 사용한 것이다. 그러나 그 당시에는 이 광물을 하나의 원소로 인식하지는 못하였으며, 한동안 아연은 주석이나 비스무트와 같은 다른 원소와 혼동되기도 하였다.

1742년에 스웨덴의 화학자 안톤 폰 스와브(Anton von Swab)가 칼라민(calamine)이란 물질에서 아연을 증류했음에도 불구하고, 일반적으로 순수한 금속 아연을 최초로 발견한 것은 1746년 독일의 화학자 안드레아스 시기스문트 마르그라프(Andreas Sigismund Marggraf)의 공로라고 인정되고 있다.

우리말의 아연은 일본어 '아엔(亞鉛, あえん)'에서 온 것이며, 한자 '亞鉛'을 우리말 발음으로 읽은 것이다. 일본에서 '亞鉛'이란 단어가 처음 사용된 것은 여러 가지 사물을 삽화와 문장으로 기록한 『和漢三才図会』란 문헌이다. 아연이란 이름은 눈으로 보기에 납과 비슷하다 하여 납을 뜻하는 한자인 '연(鉛)'붙인 것이지만, 아연과 납은 전혀 다른 성질을 가진 원소이다.

여러 유용한 물건을 만들 수 있는 광물로만 여겨지던 아연이 인체에 유용한 미네랄로 인식되기 시작한 것은 1950년대부터이며,

1961년 이란의 농촌 지역에서 나타난 성선기능저하증(性腺機能低下症, hypogonadism) 및 왜소증(矮小症, dwarfism)이 아연 결핍에 의한 것으로 밝혀지면서 아연의 중요성에 관심을 기울이게 되었다.

지금도 개발도상국에서는 어린이와 만성질환을 앓고 있는 노인을 포함하여 약 20억 명의 사람들이 아연 결핍 상태에 있으며, 매년 약 80만 명의 어린이가 사망하고 있어 세계보건기구(WHO)에서는 아연의 보충을 권고하고 있다. 미국에서는 1974년에 처음으로 아연에 대한 섭취권장량이 설정되었고, 우리나라에서는 1995년에 처음으로 영양권장량이 제시되었다.

아연은 인간을 비롯한 동물, 식물과 미생물에게 필수 미량무기질이며, 인체에는 약 2~4g의 아연이 분포되어 있다. 대부분의 아연은 뇌, 근육, 뼈, 신장 및 간에 있으며, 전립선과 눈에서 가장 높은 농도를 가지고 있다. 정액에는 특히 아연이 풍부하며, 아연은 전립선 기능 및 생식기관 성장의 핵심 요소이다.

아연은 100개 이상의 효소 및 조효소의 구성요소로 작용하며, 체내에서 이루어지는 중요한 대사 과정에 다른 어떤 미네랄보다도 많은 역할을 한다. 아연은 탄수화물, 단백질, 지질, 핵산의 합성과 분해에 관여한다. 아연은 성호르몬을 비롯한 여러 호르몬의 활동에 관여하며, 인슐린 분비와 미각 작용에도 관여한다.

아연은 모든 체세포 내에 있으며, 단백질 합성과 성장을 위해 필수적인 미네랄이고, 항산화효소의 안정화에 중요한 역할을 한다. 아연은 성장호르몬, 성호르몬, 갑상샘호르몬, 프로락틴(prolactin) 등의 호르몬 활성과도 관련이 있어 성장, 조직 및 골격 형성, 생식 등이 원활하게 이루어지도록 한다.

모든 생명체는 유전자 복제를 통해 다음 세대의 자손에게 개체 고유의 특징을 전달하여 유지된다. 아연은 유전자 전사인자(轉寫因子, transcription factor)의 구조를 안정화시켜 유전자 발현을 조절하고, 단백질 합성을 자극하여 세포의 분화 및 증식을 촉진하는 역할을 한다.

사람의 유전 정보는 데옥시리보핵산(deoxyribonucleic acid, DNA)에 보존되어 있으며, 이것은 일단 리보핵산(ribonucleic acid, RNA)으로 변경되어야 복제가 가능해진다. DNA로부터 RNA를 만들어내는 과정을 전사(轉寫, transcription)라고 하며, 아연은 전사인자가 기능을 발휘하는 데 필수적인 미네랄이다.

아연은 단백질 합성과 세포분열에 관여하므로 면역체계와 같이 세포의 교체가 빠른 조직에서 면역능력을 향상하는 작용을 하며, 상처가 났을 때 쉽게 아물게 하는 역할을 한다. 또한 아연은 수은, 카드뮴 등의 중금속을 제거하는 메탈로티오네인(metallothionein)이란 단백질의 합성을 유도한다.

아연은 여러 식품에 널리 분포하기 때문에 결핍이 발생하기 어려우나 빠른 성장에 의해 요구량이 많은 영유아나 청소년의 경우 부족하기 쉽다. 임신하였거나 수유 중인 경우에도 아연 수요량이 증가한다. 소화 기능 저하에 따른 아연의 흡수 감소나 당뇨병 환자 등에서 아연의 결핍이 나타날 수 있다.

아연이 부족할 경우 성장 부진, 미각 감퇴, 식욕 감퇴, 면역능력 감퇴, 상처 회복 지연, 피부 변화, 탈모, 설사, 불임증 등이 나타난다. 남성의 경우 성기능 장애나 정자 생성이 감소할 수 있으며, 임신부가 아연이 부족하면 기형아나 저체중아를 출산할 수도 있다.

식품으로 섭취한 아연에 의해서는 부작용이 없는 것으로 알려져 있으나, 아연 강화 식품이나 영양보충제 등을 장기간 과다하게 섭취하였을 때는 부작용이 발생하기도 한다. 증세로는 메스꺼움, 설사, 발열, 복통, 경련 등이 있다. 심할 때는 좋은 콜레스테롤로 알려진 HDL이 감소할 수 있으며, 구리의 흡수를 방해하여 구리 결핍증을 유발할 수도 있다.

아연은 육류, 유제품, 계란, 조개류, 콩류, 곡류, 해조류 등에 비교적 많이 있으며, 과일과 야채에는 소량밖에 없다. 굴은 특히 아연이 많이 들어있으며, 굴 100g에는 13~16㎎ 정도 함유되어 있다. 굴은 정력에 좋다고 하여 18세기 유럽의 유명한 플레이보이였던 카사노바(Giacomo Girolamo Casanova)가 즐겨 먹었다고 한다.

곡류에 있는 아연은 주로 껍질 부분에 존재하기 때문에 도정에 의해 대부분 손실되므로 현미, 통밀 등 도정하지 않은 곡류를 섭취하는 것이 좋다. 한국인의 경우 주로 밥, 소고기, 돼지고기, 김치, 계란 등에서 아연을 섭취하고 있으며, 보통의 경우 별도로 아연 보충제를 복용하지 않아도 결핍이 발생하지 않을 수준이다.

아연의 흡수는 인체 내의 아연 수준, 섭취량, 식이의 종류, 흡수 촉진인자 및 방해인자 등에 의해 영향을 받는다. 아연의 체내 보유량이 적을 때에는 흡수가 증가하고 보유량이 충분하면 흡수가 감소한다. 또한 아연의 섭취량이 적을수록 흡수율이 높아진다.

일반적으로 동물성 식품은 아연의 흡수를 저해하는 성분이 적어서 식물성 식품에 들어있는 아연보다 잘 흡수된다. 일반식품에 들어있는 아연의 흡수율은 14~40% 정도로 낮으며, 영양보충제 등에 들어있는 간단한 무기염(無機鹽) 형태의 아연은 흡수율이 40~90% 정도로 높다.

동물성 단백질이나 히스티딘(histidine), 시스틴(cystine), 트립토판(tryptophan) 등의 아미노산 및 구연산 등은 아연의 흡수를 향상시킨다. 피트산(phytic acid), 옥살산(oxalic acid) 등은 아연과 불용성 화합물을 만들기 때문에 아연 흡수를 저해하며 철, 구리, 칼슘, 인 등의 미네랄도 아연의 흡수를 방해한다.

〈한국인 영양소 섭취기준〉에 의하면 아연의 일일 권장섭취량은 6개월 이상 영아 및 1~2세 유아의 3mg에서 나이에 따라 증가한다. 남자의 경우 15~64세에서 10mg으로 최고치를 보인 후 점차 감소하여 65세 이상은 9mg이다. 여자의 경우 15~18세에서 9mg으로 최고치를 보인 후 점차 감소하여 65세 이상은 7mg이다. 임신부는 추가로 2.5mg이 필요하며, 수유부는 추가로 5.0mg이 필요하다.

6개월 미만 영아의 경우 2mg의 충분섭취량만 설정되어 있다. 상한섭취량은 남녀 구분 없이 나이에 따라 증가하며, 1~5세 유아는 6~9mg이고, 6~11세는 13~19mg이다. 12~18세는 27~33mg이고, 19세 이상은 임신부와 수유부를 포함하여 모두 35mg이다.

26
구리

구리는 광석에서 추출할 필요 없이 자연에서 금속 형태로 얻을 수 있는 몇 안 되는 금속 중 하나이고, 광석에서 추출하는 방법도 비교적 간단한 편이어서 오랜 옛날부터 여러 금속 중에서 가장 먼저 사용되어왔다. 인류의 역사에서도 석기시대 다음이 청동기시대(靑銅器時代)이며, 청동(靑銅)은 구리와 주석의 합금이다.

구리는 기원전 8000년경부터 몇몇 지역에서 자연에서 얻은 구리를 사용하였으며, 기원전 5000년경에는 광석에서 제련하였다. 기원전 4000년경에는 틀에 부어 주조하는 방법이 사용되었고, 기원전 3500년경에는 의도적으로 다른 금속과 혼합하여 합금을 만들었으며, 그것이 주석과의 합금인 청동이다.

구리의 원소기호는 'Cu'이며, 원자번호는 '29'이고, IUPAC의 공식 명칭은 '카퍼(copper)'이다. 로마 시대에 구리는 주로 지중해 동부에 있는 키프로스(Cyprus)에서 채굴되었고, '키프로스의 금속(metal of Cyprus)'이란 뜻으로 'aes cyprium'라고 하였다. 'cyprium'은 라틴어에서 'cuprum'으로 변하였으며, 고대 영어에서는 'coper'라고 불리다가 1530년경에 'copper'로 변했다. 구리의 원소기호는 'cuprum'에서 따온 것이다.

구리는 필수미네랄이지만 아주 적은 양이 필요할 뿐이며, 성인의 체내에는 50~120㎎ 정도의 구리가 있다. 체내 구리의 약 65%는 근육과 뼈에 존재하고, 약 10%는 간 속에 있다. 그 외에도 뇌, 심장, 신장 등 거의 모든 조직에 존재하고, 신체 내의 여러 생화학반응에 필요한 효소의 구성요소가 되거나 조효소로 작용한다.

구리는 환원형인 제1구리(cuprous, Cu$^+$)와 산화형인 제2구리(cupric, Cu^{++})가 있으며, 인체 내에서는 상호 전환이 가능하여 산화환원반응을 조절한다. 혈액에 존재하는 구리의 약 65%는 간에서 합성한 구리가 포함된 단백질의 일종인 셀룰로플라스민(ceruloplasmin)의 상태로 있다. 셀룰로플라스민은 철분의 흡수와 이용에 꼭 필요한 단백질이다.

이외에도 구리를 구성성분으로 하는 효소 중에는 유해산소로부터 세포를 보호하는 항산화제로 작용하는 것, 결합조직(結合組織)을 강하고 유연하게 만드는데 작용하는 것, 멜라닌(melanin) 색소의 합성에 작용하여 머리카락, 피부, 눈 등의 색을 나타나게 하는 것, 신경 전달 물질의 합성에 관여하는 것 등 여러 종류가 있다.

구리는 철분의 섭취와 이용을 촉진하기 때문에 구리 결핍은 빈혈을 비롯한 철분 부족으로 인한 증상을 유발하게 된다. 또한 구리가 부족하면 백혈구 감소, 뼈와 관절의 손상, 색소침착 저하, 감염의 증가, 성장 장애, 당 및 지질 대사 이상 등을 일으킬 수 있다.

구리는 육류, 갑각류, 조개류, 견과류, 녹색 채소 등 일상적인 식품에 많이 포함되어 있어 일반적인 건강한 사람에게 구리 결핍증은 매우 드물다. 그러나 불균형한 식사로 인한 영양불량, 심한 화상 환자, 신장 투석 환자, 과량의 제산제 복용자 등에서는 결핍이 발생할 수도 있다.

일반식품으로 섭취한 구리의 흡수율은 약 30% 정도로서 식품 중에 구리 함량이 높으면 흡수율이 감소하고, 구리 함량이 낮으면 흡수율이 증가한다. 아연, 철, 몰리브덴, 비타민C 등은 구리의 흡수를 방해하며, 특히 아연은 구리 흡수율과 깊은 관련이 있다. 체내 구리는 흡수량과 배설량을 조절하여 항상성이 유지된다.

구리는 불쾌한 맛이 나고 구토를 유발하기 때문에 급성독성이 발생하는 것은 매우 드문 경우이다. 그러나 구리 용기나 구리 수도관에서 용출된 구리에 오염된 물이나 음료수를 통해 유발될 수 있으며, 증세는 복부 통증, 경련, 설사, 호흡곤란 등이 있다.

구리는 항균 작용이 있어서 세균 번식을 방지하는 데에도 쓰인다. 그러나 사람은 구리를 무해하게 몸 밖으로 배출하도록 진화했으며, 식기로 사용하여도 문제가 발생하지 않는다. 일반적인 식사나 영양보충제로 섭취하는 정도로는 위해가 생기는 경우는 거의 없다. 그러나 만성적으로 구리를 과다 섭취하면 간이 손상될 수 있으며, 그에 따라 간경화를 비롯한 여러 증상을 유발할 수 있다.

〈한국인 영양소 섭취기준〉에 의하면 구리의 일일 권장섭취량은 1~2세 유아의 290 μg에서 나이에 따라 증가한다. 남자의 경우

15~18세에서 900μg으로 최고치를 보인 후 점차 감소하여 65세 이상은 800μg이다. 여자의 경우 15~18세에서 700μg으로 최고치를 보인 후 점차 감소하여 65세 이상은 600μg이며, 임신부와 수유부는 각각 추가로 130μg 및 480μg이 필요하다.

1세 미만 영아의 경우 240~330μg의 충분섭취량만 설정되어 있다. 상한섭취량은 남녀 구분 없이 나이에 따라 증가하며, 1~5세 유아는 1,700~2,600μg이고, 6~11세는 3,700~5,500μg이다. 12~18세는 7,500~9,500μg이며, 19세 이상은 임신부와 수유부를 포함하여 모두 10,000μg이다.

27
불소

불소는 물, 공기, 토양, 암석 등 어디에나 있으나 지구 표면보다는 지하로 내려갈수록 많이 포함되어 있어 온천이나 화산활동이 있는 지역 등에서 많이 발견되며, 일반적으로 쉽게 접할 수 있는 원소가 아니지만, 그 존재는 상당히 오래전부터 알려졌다.

불소는 자연에서 단독으로 존재하지 않고 다른 원소와 결합한 화합물의 형태로 발견된다. 주요 광석은 형석(螢石), 빙정석(氷晶石, cryolite), 불소인회석(弗素燐灰石, fluorapatite) 등이며, 가장 흔한 것은 형석이다. 유럽에서는 이미 16세기경에 형석을 광업이나 유리 가공 등에 이용하였다.

형석의 주성분은 칼슘플로라이드(CaF_2)이며, 영어로는 '플로라이트(fluorite)'라고 하고, 16세기 독일의 광산노동자들 사이에서는 '플루오르스파(fluorspar)'라고 불렸으며, 철이나 알루미늄을 녹이는 융제(融劑)로 사용하였다. 일부에서는 지금까지도 형석을 플루오르스파라고 부르고 있다.

이 광석은 열을 가하면 쉽게 녹아내렸기 때문에 라틴어로 '흐르다(flow)'라는 의미의 'fluere'에서 유래되어 '플루오르(fluor)'라는 명칭이 붙었으며, '스파(spar)'는 쉽게 깨져 평평한 표면을 만들며 유리와 같은 광택을 내는 비금속 광물을 표현할 때 광물학자들이 사용하는 일반적인 이름이다.

불소는 모든 원소 중에서 반응성이 가장 높아 단단한 결합을 형성하므로 쉽게 분리할 수 없고, 독성이 강하여 초기의 연구자들을 죽음으로 이끌었기 때문에, 그 존재가 알려지는 데는 오랜 시간이 걸렸다. 불소를 분리하려다가 죽은 화학자들을 기려 '불소 순교자(fluorine martyrs)'라고 부르기도 한다.

불화수소(hydrogen fluoride, HF)를 물에 녹인 액체를 불산(弗酸) 또는 불화수소산(hydrofluoric acid)이라고 하며, 18세기 초부터 유리의 부식에 사용되었다. 1771년 스웨덴의 샤일(Carl Wilhelm Scheele)이 불산을 불순물이 혼합된 상태로 발견하고, '플루오르스파산(fluorspar acid)'이란 이름을 붙였다.

프랑스의 물리학자 앙드레 마리 앙페르(André-Marie Ampère)는 1809년에 형석을 원료로 불산을 얻은 후 이것이 지금까지 알려지지 않은 할로겐 원소와 수소의 결합물이라고 주장하며, 1810년에 이 원소의 이름을 '플루오르스파(fluorspar)'에서 따와 '플루오린(fluorine)'이라고 명명하였다.

그 후 그는 플루오린화수소산(불산)이 금과 백금을 제외한 모든 금속 및 유리를 부식시키므로, 그리스어로 '파괴적인'이란 의미를 갖는 'phtora'에서 따와 '프쏘린(phthorine)'이라고 이름을 변경하였다. 그러나 영국의 데이비(Humphrey Davy)는 이 이름에 동의하지 않고 계속하여 플루오린(fluorine)이란 이름을 사용하였으며, 대다수 국가에서는 플루오린에서 유래한 명칭이 정착되었다.

순수한 불소를 분리하기까지는 그로부터 수십 년이 걸렸으며, 프랑스의 페르디낭 프레데릭 앙리 무아상(Ferdinand Frederic Henri Moissan)이 1886년에 최초로 성공하였다. 그는 불소를 최초로 분리하고 '무아상 전기로(電氣爐)'라 불리는 금속 정제용 노(爐)를 개발한 공로로 1906년에 노벨 화학상을 수상하였다.

불소의 원자번호는 '9'이고, 원소기호 'F'는 라틴어 이름인 '플루오룸(fluorum)'에서 따온 것이며, 초기 논문에서는 'Fl'이라는 기호도 사용되었다. 우리나라에서는 '불소' 또는 독일어식 표기인 '플루오르(fluor)'가 일반적으로 사용되고 있으나, IUPAC 및 대한화학회에서 공식적으로 인정한 이름은 '플루오린(fluorine)'이다.

불소(弗素)라는 이름은 일본어에서 온 것으로서 플루오린의 첫 글자인 '플'를 비슷한 발음이 나는 한자 '불(弗)'로 표기하고, 원소를 나타내는 '소(素)'를 붙여서 만든 단어이다. 이는 프랑스(France)를 첫자의 발음에서 따온 '불(佛)'과 나라를 의미하는 '국(國)'을 합쳐서 '불국(佛國)'이라 부르는 것 같은 경우이다.

불소에 관한 연구는 별다른 진전이 없다가 제2차 세계대전 중에 미국에서 원자폭탄을 제조하기 위하여 우라늄의 동위원소를 분리할 목적으로 다량의 불소를 취급하게 된 것을 계기로 급격히 발전하게 되었다. 오늘날 불소는 각종 합성수지 제조 및 금속공업이나 요업(窯業) 등의 분야에서 널리 사용되고 있다.

불소가 인체와 관련하여 주목받기 시작한 것은 1908년 미국의 치과의사 프레데릭 맥케이(Frederick McKay)가 콜로라도의 온천지역 주민 중 치아 색이 갈색이지만 충치가 거의 없는 사람들이 많은 것을 발견하고 음료수 내에 어떤 성분이 있기 때문이라고 보고한 것이 시초이다.

그 성분은 불소인 것으로 밝혀졌고, 미국의 헨리 트렌들리 딘(Henry Trendley Dean)은 1931년부터 1939년까지 미국 내 21개 도시의 아동을 대상으로 실시한 조사에서 음료수 중에 약 1ppm의 불소가 존재하면 인체에 영향이 없으면서도 충치가 약 60% 정도 감소한다는 사실을 발견하였다. 그의 이 연구는 충치 예방에 불소를 광범위하게 이용하는 계기가 되었다.

딘의 연구 이후 충치 예방을 위하여 수돗물에 불소를 첨가하는 방안이 검토되었고, 1945년 1월 세계 최초로 미국 미시간주의 그랜드래피즈(Grand Rapids)에서 수돗물에 1ppm의 불소를 첨가하였다. 그 후 수돗물 불소화 사업은 전 세계의 여러 도시로 확대되었으며, 우리나라에서는 1981년 진해시에서 시범적으로 실시하였다.

그 후 수돗물 불소화 사업을 실시하는 자치단체가 증가하여

2000년에는 불소화를 실시하는 정수장의 수가 37개소로 증가하였다. 그러나 불소의 인체 유해성 및 부작용, 충치 예방 효과에 대한 논란 등을 이유로 소비자단체와 환경단체를 중심으로 반대 운동이 일어났으며, 수돗물 불소화 사업은 점차 중단되어 현재는 사업이 유명무실화된 상태이다.

불소는 결핍 시에도 충치가 증가한다는 것 이외에는 다른 증상이 없어 사람의 생명 유지에 꼭 필요한 물질이 아니므로 필수미네랄로 인정할 수 없다는 주장도 있다. 그러나 건강한 치아는 음식물의 소화·흡수를 도와 영양 공급에 중요한 역할을 하며, 불소는 규소와 결합하여 치아의 법랑질을 형성하고, 칼슘과의 친화력이 매우 높아서 골격을 강화하는 역할을 하므로 일반적으로는 필수미네랄로 보고 있다.

불소는 공기보다 약간 무거운 연녹황색 기체로서 자극적인 냄새가 있으며, 독성이 강하여 흡입하면 생명이 위험할 수도 있다. 불소는 25ppm 이상에서 눈과 호흡계에 자극을 주며, 100ppm 이상이면 눈과 코가 심각하게 손상되고, 1,000ppm 이상의 불소를 흡입하면 수 분 내로 사망하게 된다. 매우 위험하기는 하나 일반인이 불소 기체를 접할 기회는 거의 없기 때문에 심각하게 우려할 필요는 없다.

독성에는 급성독성과 만성독성이 있으며, 불소는 급성독성을 나타내는 반수치사량(LD50)이 52mg/kg으로서 독성물질에 해당한다. 그러나 이 양을 몸무게 60kg의 성인으로 환산하면 3.12g에 해당하며, 일상적으로 생활 주변에서 접할 수 있는 불소 화합물로는 섭취 불가능할 만큼 많은 양이다.

따라서 불소의 독성을 이야기할 때는 보통 만성독성을 의미하며, 수돗물 불소화 사업을 반대하는 사람들이 그 근거로 제시하는 자료들도 모두 만성독성에 관한 것이다. 그러나 이런 실험에 사용된 불소의 농도는 보통 수십에서 수백 ppm 정도로서 수돗물에 첨가되는 불소 농도 1ppm 정도와는 상당한 차이가 있어 현실성이 없는 것이 보통이다.

불소의 섭취량이 너무 많아서 발생하는 만성독성을 불소증(弗素症, fluorosis)이라 부른다. 치아에 반점이 생기는 치아불소증은 유아와 어린이에게서 발생하며, 치아 법랑질(琺瑯質, tooth enamel)이 발달할 시기에 과량의 불소에 노출되었을 때 법랑질 형성을 방해받아 발생한다. 6세 미만 어린이의 주요 불소 급원은 치약이다.

9세 이후부터 성인이 되어서도 불소 섭취량이 너무 많으면 골격 불소증이 나타날 수 있다. 골격 불소증은 척추가 부분적으로 융합되어 몸의 움직임이 자유롭지 못하고 관절이 뻣뻣해지거나, 뼈가 약해지고 인대가 석회화되는 등의 증상을 보이며, 불소 섭취량 및 기간과 밀접한 관계가 있다.

불소는 대부분의 식물 및 동물의 조직에서 발견되고, 여러 식품에 널리 분포하고 있으며, 특히 해조류, 차(茶)류, 뼈째 먹는 생선 등에 많이 들어있다. 그러나 식품으로 섭취하는 불소의 양은 매우 적으며, 오늘날 주요 불소 급원은 불소가 첨가된 식수 및 음료수, 불소 보충제, 불소치약 등이다.

불소 이온의 흡수율은 일반적으로 매우 높아서 음용수나 치약 등에 첨가되는 불화나트륨(NaF)의 흡수율은 거의 100%이다. 불소는 함께 섭취하는 미네랄에 따라 흡수율에 영향을 받으며, 불화나트륨을 칼슘이 풍부한 우유와 함께 섭취하면 흡수율은 70% 정도로 감소한다. 알루미늄, 칼슘, 마그네슘, 염소 등은 불소의 흡수를 감소시키고, 인과 황은 불소의 흡수를 증가시킨다.

불소는 일반 식품으로 섭취하는 것보다 불소가 첨가된 식수 등으로 섭취하는 양이 많아서 평균필요량이나 권장섭취량을 추정하기에는 아직 연구 자료가 불충분하여 〈한국인 영양소 섭취기준〉에는 충분섭취량과 상한섭취량만 제시되어 있다.

충분섭취량은 6개월 미만 영아의 0.01mg에서 나이에 따라 증가한다. 남자의 경우 19~49세에서 3.4mg으로 최고치를 보인 후 점차 감소하여 75세 이상은 3.0mg이다. 여자의 경우는 19~29세에서 2.8mg으로 최고치를 보인 후 점차 감소하여 75세 이상은 2.3mg이다. 상한섭취량은 남녀 구분 없이 1세 미만 영아는 0.6~0.8mg이고, 1~5세 유아는 1.2~1.8mg이며, 6~8세는 2.5mg이고, 9세 이상은 10.0mg이다.

28
망간

망간은 철을 닮은 은회색 금속으로 지각의 약 0.1%를 구성한다. 망간 화합물 중에서는 이산화망간(manganese dioxide, MnO_2)이 가장 보편적이며, 석기시대부터 착색제로 사용되었다. 프랑스 남부에 있는 26,000년~30,000년 전의 가르가스 동굴(Gargas Cave)의 그림에는 이산화망간이 사용되었다.

망간이란 이름의 유래는 마그네슘과 마찬가지로 그리스의 마그네시아(Magnesia)란 지명과 관련이 있으며, 마그네시아는 연망간석(pyrolusite), 마그네사이트(magnesite), 자철광(magnetite) 등의 광물이 많이 산출되던 곳이었다. 연망간석의 주성분은 이산화망간이다.

로마제국이나 고대 이집트의 유리 제조업자들은 이산화망간으로 유리의 색상을 제거하거나 때로는 유리에 흐릿한 보라색을 내기 위해 사용했다. 이 기술은 중세를 지나 현대까지 계속되고 있으며, 이산화망간은 '유리 제조업자의 비누(glassmakers' soap)'라고 불리기도 한다.

옛날에는 연망간석과 자철광을 구분하지 못하고 모두 라틴어로 '자석'을 의미하는 '마그네스(magnes)'라고 불렸다. 그러나 연망간석은 자철광과는 달리 철을 끄는 능력(磁性)이 없다는 것을 알게 되면서 '마그네시아니그리(Magnesia nigri)'라고 구분하여 불렸으며, 이는 '마그네시아에서 온 검은 돌'이란 의미이다.

이 이름은 '마그네시아에서 온 하얀 돌'이란 의미로 '마그네시아알바(Magnesia alba)'라고 불리던 마그네사이트와 같은 '마그네시아(Magnesia)'라는 표현을 사용하여 혼동을 주었다. 16세기경부터 유리 제조업자들은 그리스어로 '깨끗이 한다'라는 의미의 'manganizo'에서 따와 연망간석을 '망가네슘(manganesum)'이라고 불렸다.

이에 따라 '마그네시아(magnesia)'라는 이름은 '마그네시아알바'를 지칭할 때만 사용하게 되었다. 마그네시아알바는 탄산마그네슘($MgCO_3$)이 주성분인 마그네사이트(magnesite)를 지칭하던 이름이었으며, 여기에서 마그네슘(magnesium)이란 원소의 이름이 유래되었다.

1770년대 초 샤일(Carl Wilhelm Scheele)을 비롯하여 몇몇 과학자들은 망가네슘(연망간석)이 그때까지 알려지지 않은 새로운 원소를 포함하고 있다는 것을 알고 있었으며, 마침내 1774년 스웨덴의 요한 고틀리브 간(Johan Gottlieb Gahn)이 분리에 성공하고 라틴어로 '망가네시움'(manganesium)'이라는 이름을 붙였다.

그런데 이 이름은 마그네슘(magnesium)이란 원소명과 유사하여 혼동을 일으키므로 '망가늄(manganum)'이란 라틴어로 바뀌었다. 널리 사용되고 있는 '망가니즈(manganese)'는 이탈리아어이다. 마그네슘과 마찬가지로 망가니즈란 명칭을 처음 사용한 사람은 불분명하다. 일부 자료에서는 1774년 샤일이 명명하였다고 하고, 다른 자료에서는 1808년 독일의 필립 버트만(Philipp Buttmann)이라고 한다.

현재 우리나라에서는 일반적으로 '망간(mangan)'이란 독일어 이름이 사용되고 있으나, IUPAC 및 대한화학회에서 공식적으로 인정한 이름은 '망가니즈(manganese)'이다. 국립국어원에서는 망간과 망가니즈를 모두 표준어로 인장하고 있다. 망간의 원소기호는 'Mn'이고, 원자번호는 '25'이다.

인체에는 10~20mg의 망간이 포함되어 있으며, 그중에서 25~40% 정도는 뼈에 있다. 나머지는 여러 조직의 세포 내에 골고루 분포되어 있으며 간, 신장, 췌장 등 대사가 활발한 장기에 상대적으로 많은 양이 있다. 망간은 인체 내의 여러 생화학반응에 관여하는 효소의 구성성분이 되기도 한다.

망간은 칼슘, 아연, 구리 등과 함께 뼛속의 미네랄 밀도를 유지하며, 연골(軟骨)을 형성하고 골격 발달에 관여한다. 망간은 세포의 미토콘드리아 내에서 활성산소를 제거하는 역할을 한다. 망간은 뇌에 있는 신경전달물질의 합성을 활발하게 하여 정상적인 뇌 기능 유지에 기여한다.

또한 망간은 염증을 치유하고, 상처 회복에 필요한 콜라겐 합성을 도우며, 성상세포에서는 글루타민 합성 반응에 관여한다. 이 외에도 탄수화물과 지질의 에너지대사, 아미노산 대사와 핵산 합성, 해독작용, 면역기능, 혈당조절, 혈액 응고 등에 필수적이며, 성호르몬 및 갑상샘호르몬의 생성이나 콜레스테롤 대사에도 관여한다.

이처럼 망간은 아주 적은 양만 필요로 하는 미량미네랄이지만 그 기능이 아주 다양하다. 망간이 부족할 때는 발육부진, 체중감소, 생식기능 저하, 골격의 변형, 혈액 응고 지연, 저콜레스테롤혈증, 피부 발진 등이 나타나고, 콜라겐의 생산이 원활하지 못하여 상처 치유가 더뎌질 수 있다.

그러나 망간은 일반적인 식사를 통하여 충분히 섭취할 수 있기 때문에 결핍은 거의 나타나지 않으며, 결핍증은 통제된 실험조건에서 망간이 결핍된 식사를 하는 경우에만 보고되었다. 망간은 동물성 식품에는 거의 포함되어 있지 않으나 곡류, 두류, 견과류, 채소류 등 대부분의 식물성 식품에 들어있다.

망간은 필요 이상 섭취하면 담즙을 통해 배설되고, 체내 항상성이 비교적 잘 유지되는 것으로 알려져 있으며, 일상적인 식사를 통한 망간 과잉은 보고되지 않았다. 그러나 담즙 배설이 어른보다 상대적으로 적은 신생아나 간 질환 환자, 알코올 의존증 또는 오염된 음용수나 과량의 보충제를 섭취할 때에 발생할 수 있다.

망간 섭취가 높은 경우 어린이에서 인지 저하, 행동장애 등의 증상이 나타났고, 모체의 혈청 망간 수준이 높은 경우 태아에서 저체중, 신경 발달 저하 등 성장 지연 증상이 보고되기도 하였다. 그러나 망간의 과잉 섭취는 주로 광업, 제련, 용접 등 직업상 망간을 많이 취급하는 사람이 장기간 망간 분진을 흡입하여 발생한다.

과잉의 망간 섭취는 망간중독(manganism) 증세를 유발한다. 망간 중독의 초기에는 식욕부진, 불면증, 조울증, 근육통, 피로감 등의 증세가 있으며, 더 심해지면 기억력 감퇴, 언어장애, 서투른 행동, 반사 능력 감소 등이 나타난다. 무의식적인 근육 떨림이나 경직, 평형감각 이상 등 파킨슨병과 유사한 신경운동장애가 나타나기도 한다.

아직 근거자료가 불충분하여 〈한국인 영양소 섭취기준〉에는 충분섭취량과 상한섭취량만 제시되어 있다. 충분섭취량은 1세 미만 영아는 0.01~0.8mg이고, 1~5세 유아는 2.5~3.0mg이며, 6~11세는 2.5~3.0mg이다. 12세 이상은 남자의 경우 4.0mg이고, 여자의 경우는 3.5mg이다. 상한섭취량은 남녀 구분 없이 1~5세 유아는 2.0~3.0 mg이고, 6~11세는 4.0~6.0mg이며, 12~18세는 8.0~10.0mg이고, 19세 이상 성인은 11.0mg이다.

29

요오드

요오드는 원자량이 '126.90'으로 비교적 무거운 원소이며, 다른 원소에 비해 지구 표면에 존재하는 양이 적은 편이다. 비금속의 흑색에 가까운 결정형 고체이나 열을 받으면 짙은 보라색 증기로 승화(昇華)하는 성질이 있으므로 자연 상태에서 순수하게 존재하는 일은 거의 없고 주로 화합물의 상태로 발견된다.

요오드의 존재는 나폴레옹전쟁 중에 우연히 발견되었다. 1811년 프랑스의 화학자 베르나르 쿠르투아(Bernard Courtois)는 해초(海草)를 태워 화약 제조에 필요한 탄산칼륨을 추출하던 중 발생한 보랏빛 증기가 응결하면서 검은 광택의 결정이 생성되는 것을 발견하였다.

그는 이 물질이 새로운 원소라고 추측하였으나, 그것에 대하여 계속해서 연구할 여건이 아니었으므로 샤를 베르나르 데조름(Charles Bernard Désormes)과 니콜라스 클레망(Nicolas Clément)에게 샘플을 주고 연구를 계속하게 하였으며, 그들은 1813년 그 물질이 염소와 비슷한 새로운 물질임을 발표하였다.

이 물질은 당시의 유명한 화학자였던 프랑스의 조제프 루이 게이뤼삭(Joseph Louis Gay-Lussac)과 영국의 데이비(Humphrey Davy)에 의해 새로운 원소임이 확인되었다.

게이뤼삭은 그 증기가 보라색이므로 그리스어로 '보라색'이란 의미를 갖는 'iodes'에서 이름을 따와 '이오드(iode)'라고 명명하였으며, 현재에도 프랑스에서는 이 단어가 사용된다. 데이비는 이 원소가 염소(chlorine)와 유사하므로 이오드 대신에 'iodine'이라는 이름을 제안하였다.

요오드는 원소기호가 'I'이고, 원자번호는 '53'이며, IUPAC에서 공식적으로 정한 이름은 'iodine'이다. 'iodine'의 발음은 미국식으로는 '아이어다인[aiədain]'이며, 영국식으로는 '아이어딘[aiədi:n]'이지만 대한화학회에서 공식적으로 인정한 이름은 영국식 발음에 가까운 '아이오딘'이다.

대한화학회의 결정에 따라 학술 분야에서는 아이오딘이란 이름이 사용되고 있으나, 일반인들은 '요오드(iod)'란 독일어 이름을 주로 사용하고 있으며, 일부에서는 일본식 이름인 '옥소(沃素)'가 사용되기도 한다. 한자 '沃(옥)'의 발음은 일본어로 '요오(ょぅ)'이며, '沃素'는 플루오린(fluorine)을 불소(弗素)라 부른 것과 유사하다.

요오드는 유기화합물과 쉽게 결합하는 특징이 있어 의료분야에서 흔히 사용되며, 일상생활에서 가장 자주 사용되는 의약품은 피부의 상처를 소독하는 소독제이다. 요오드는 전분과 만나면 청자

색을 띠게 되므로 분석화학에서는 전분을 검출하는 표준시약으로서 중요하게 취급되고 있다.

예전에 무릎이 까졌을 때 발라주던 가정의 구급약으로 널리 사용되었던 요오드팅크(iodine tincture)는 아이오딘화칼륨(KI)을 에틸알코올에 녹인 용액이다. 바를 때는 적갈색을 띠다가 마르면 누런 빛으로 변하며, '빨간약'으로 통용되기도 하였다. 요오드팅크는 바를 때 자극성이 있는 단점이 있으며, 살균력이 떨어지기 때문에 요즘은 거의 사용되지 않고 있다.

요오드팅크는 살균력이 더 강한 포비돈아이오딘(povidone iodine)으로 대체되었다. 포비돈아이오딘은 폴리비닐피롤리돈(polyvinylpyrrolidone)과 아이오딘을 화학적으로 배합한 것이며, 아이오딘 계열의 살균소독제 중에서 세계적으로 가장 널리 사용되는 제품이다. 1955년에 처음 판매될 때의 상품명이 '베타딘(Betadine)'이었기 때문에 흔히 베타딘으로 불린다.

요오드가 사람에게 미치는 영향이 처음 알려진 것은 제1차 세계대전 중의 일이었다. 타 지역 출신의 군인보다 미국 5대호 주변 지역에서 징병 된 군인들의 갑상선종(甲狀腺腫, goiter) 발생률이 훨씬 높았다는 것이 알려지며 주목받게 되었다. 그 이유가 그 지역 토양의 요오드 함량이 매우 낮기 때문으로 밝혀졌으며, 그 후 주민들에게 요오드를 공급함으로써 갑상선종을 예방하고 있다.

인체 내의 요오드 함량은 15~20mg 정도이며, 70~80%는 갑상샘에 존재한다. 갑상샘은 목젖 아래에 있는 나비처럼 생긴 샘으로 모든 조직의 기능을 자극하고 대사를 조절하는 각종 호르몬을 분비하는 곳이다. 따라서 갑상샘 기능이 떨어지면 신체의 모든 기능이 떨어진다.

요오드는 갑상샘호르몬인 트리아이오딘티로닌(triiodothyronine, T_3)과 티록신(thyroxine, T_4)의 구성 성분이 되는 필수무기질이다. 티록신은 테트라아이오딘티로닌(tetraiodothyronine)이라고도 하며, 요오드가 4개 결합되어 있고, 여기서 요오드가 하나 떨어져 나가면 트리아이오딘티로닌이 된다. T_3와 T_4는 같은 생리작용을 가지며, 활성은 T_3가 T_4보다 강하다.

T_3와 T_4는 기초대사율을 결정하거나 체내 열 발생, 신경계의 발달 및 성장, 소화와 흡수의 조절, 키 성장 등 인체 내에서 이루어지는 거의 모든 일에 관여하는 중요한 물질이다. 갑상샘호르몬의 생성은 다른 영양소의 영향을 받으며, 특히 셀레늄, 철, 비타민A 등이 결핍되면 생성이 억제되기도 한다.

요오드 섭취가 충분하지 않으면 호르몬 합성을 위한 요오드를 최대한 갑상샘 내에 비축하기 위해 갑상샘이 비대해지는 갑상샘종을 유발하게 된다. 반대로 요오드가 과잉되어도 갑상샘종, 갑상샘저하증, 갑상샘항진증 등 다양한 기능장애를 초래한다.

요오드가 부족하면 성인의 경우에는 갑상샘의 기능이 저하되어 신체 전반에 영향을 미치게 되며, 그 증상으로는 피로, 생리불순, 두통, 근육통, 체온 저하 등이 있다. 어린이의 경우는 성장이 지연되고 인지기능이 손상된다. 임신부의 경우는 유산, 사산, 기형아 출산 등의 확률이 높아지며, 출생한 아이가 지능저하, 운동장애 등의 증세를 보이는 크레틴병(cretinism)에 걸릴 수도 있다.

요오드를 과다 섭취하면 통증 및 발열, 오심, 구토, 설사 등의 증상이 나타나며, 만성적으로 과다 섭취하면 갑상샘 기능이 지나치게 활성화되어 맥박이 빨라지고 가슴이 두근거리며, 신경이 예민해지고 늘 피로를 느낀다. 물질대사가 활발하여 몸이 더워지고 외부의 온도에 예민해지며, 생리주기가 불규칙해지고 때로는 생리가 중단되기도 한다.

인체는 탁월한 조절 능력이 있어서 건강한 사람은 많은 양의 요오드를 섭취하면 여분의 양을 배출하며, 과잉 섭취에 따른 일시적인 갑상샘 기능 이상도 정상으로 되돌릴 수 있는 완충능력이 있다. 하지만 요오드 함량이 높은 영양보충제를 장기간 복용하면 조절 능력 범위를 초과할 수 있으므로 주의가 필요하다.

요오드가 많은 식품은 미역, 다시마, 김 등의 해조류나 굴, 생선 등의 어패류이다. 육지의 토양이나 암석에는 요오드가 별로 없으나, 바닷물에는 이온화된 요오드(I^-)가 약 0.05ppm 정도 포함되어 있으므로, 바다에서 서식하는 해조류나 어패류 및 천연소금 등에는 비교적 많은 양의 요오드가 들어있다.

요오드는 전 세계적으로 부족하기 쉬운 미네랄이며, 30~50%의 인구는 요오드 결핍 상태라고 추정된다. 특히 바다에서 멀리 떨어진 내

류지방에서 부족하기 쉬우며, 예전에는 산간 지방의 주민들에게 생기는 풍토병(風土病)으로 인식되기도 하였다. 현재 미국과 유럽을 비롯하여 많은 나라에서 요오드를 미량 첨가한 소금을 판매하고 있다.

그러나 해조류와 어패류의 섭취가 많은 우리나라나 일본의 경우에는 요오드 결핍의 위험은 적은 편이며, 오히려 과잉이 우려되고 있어 요오드 강화 소금을 섭취할 필요는 없으며, 요오드 섭취를 목적으로 다시마환 등의 영양보충제를 복용할 필요도 없다.

〈한국인 영양소 섭취기준〉에 의하면 요오드의 일일 권장섭취량은 1~2세 유아의 경우 80~90㎍이고, 6~11세는 100~110㎍이며, 12~18세는 130㎍이고, 19세 이상은 150㎍이다. 임신부는 추가로 90㎍이 필요하며, 수유부는 추가로 190㎍이 필요하다.

1세 미만 영아의 경우 권장섭취량은 없으며, 130~180㎍의 충분섭취량이 설정되어 있다. 상한섭취량은 1세 미만 영아는 250㎍이고, 1~5세 유아는 300㎍이다. 6~11세는 500㎍이고, 12~18세는 1,900~2,200㎍이며, 19세 이상 성인은 임산부와 수유부를 포함하여 2,400㎍이다.

셀레늄

    종전만큼은 아니나 요즘도 항암효과가 있고 노화를 예방한다고 하여 셀레늄 함유 영양보충제를 찾는 사람들이 꾸준히 있다. 2003년 영국의 유명한 일간신문인 《인디펜던트(The Independent)》가 '건강을 위한 30가지 습관'을 소개하면서 그중 하나로 '셀레늄을 섭취하라'라고 하여 국내에도 널리 알려지게 되었다.

    매스컴 등에 소개되면서 셀레늄이 인기를 끌자 2003년 서울우유에서는 셀레늄을 첨가한 우유인 '셀크(Selk)'를 출시하기도 하였다. 셀레늄은 우리나라에서는 다소 생소한 미네랄이지만 서양에서는 '기적의 원소', '꿈의 원소', '푸른빛의 마법사' 등의 별명으로 불리고 있을 정도로 널리 알려져 있다.

    셀레늄은 지각에 존재하는 양이 매우 적고, 천연에서 원소 상태로는 발견되지 않는다. 셀레늄은 구리, 납, 은 등의 황화물 광석에 소량 섞여 있어서 이들 광석을 제련하거나 황산을 생산할 때 부산물로 생산된다. 셀레늄은 보통 텔루륨(tellurium)과 함께 존재한다.

셀레늄은 1817년 스웨덴의 화학자 옌스 야코브 베르셀리우스(Jons Jacob Berzelius)가 발견하였으며, 망간을 발견한 간(Johan Gottlieb Gahn)과 함께 계속 연구하여 1818년에 이 물질이 황이나 텔루륨과 성질이 비슷하지만, 전혀 다른 원소임을 밝혀냈다.

베르셀리우스는 스웨덴 팔룬(Falun)에 있는 구리 광산에서 얻은 황철석(黃鐵石, pyrite)에서 얻은 황을 태운 뒤 남은 찌꺼기에서 붉은색 침전물이 생긴 것을 발견하였다. 처음에는 텔루륨으로 추정하였으나, 팔룬 광산에서는 텔루륨이 산출되지 않으므로 다시 분석을 시작하여 마침내 셀레늄을 발견하게 되었다.

텔루륨은 1782년 독일의 뮐러(Franz-Joseph Müller von Reichenstein)가 금의 불순물을 연구하던 중 발견하였으며, 1798년 독일의 클라프로트(Martin Heinrich Klaproth)가 새로운 원소임을 확인하고 '지구'를 뜻하는 라틴어 'tellus'에서 따와 '텔루륨(tellurium)'이라는 이름을 붙였다.

셀레늄은 텔루륨과 화학적 성질이 비슷하고, 연소할 때 달빛과 비슷한 푸른빛을 낸다. 베르셀리우스는 1818년 새로 발견한 원소의 이름을 지을 때, 텔루륨이 지구에서 이름을 따왔으므로, 그에 대비하여 그리스 신화에 나오는 '달의 여신'의 이름인 '셀레네(Selene)'에서 따와 '셀레늄(selenium)'이라고 하였다.

셀레늄의 원자번호는 '34'이며, 원소기호는 'Se'이다. IUPAC 및 대한화학회의 공식 명칭은 셀레늄(selenium)이다. 우리나라의 경우 종전에는 독일어식 이름인 '셀렌(selen)'을 사용하였고, 지금도 여전히 셀렌이라고 부르는 사람도 있으나, 대한화학회의 결정 이후에는 대부분 셀레늄이란 명칭을 사용하고 있다.

셀레늄은 특별한 주목을 받지 못하다가 1935년 미국 서부에서 방목하던 말과 소의 털과 발굽이 빠지는 질병이 발생하였고, 그 원인이 셀레늄 과잉 섭취라는 것이 밝혀지면서 관심을 끌게 되었다. 그 이후 1950년대 이전까지는 가축에서 암을 발생시킨다는 등 대부분 독성에 관한 것이어서 위험한 물질로 취급받았다.

셀레늄의 생리적 역할은 1954년에 셀레늄을 함유하는 미생물이 발견되고, 이어서 조류나 포유류 등에서도 발견됨으로써 본격적으로 연구되기 시작하였다. 1973년에는 셀레늄이 과산화수소를 제거하는 항산화효소의 구성성분임이 밝혀졌으며, 현재까지 20여 종의 셀레늄 함유 단백질(selenoprotein)이 발견되었다.

셀레늄에 강한 항산화 작용이 있기 때문에 항암효과도 기대되어 많은 연구가 있었으며 전립선암, 대장암, 폐암, 간암 등에 효과가 있는 것으로 보고되었다. 이에 따라 셀레늄 영양제가 각광을 받게 되었으나, 암과 셀레늄의 연관성을 찾지 못하였다는 반대 주장도 있어서 아직은 좀 더 많은 연구가 필요한 상태이다.

셀레늄은 성인의 체내에 10~20mg 정도의 미량이 존재하고 간, 근육, 신장, 심장, 췌장, 위 및 장의 점막 세포, 혈장, 고환 등에 널리 분포되어 있다. 셀레늄은 다른 중금속과는 달리 비교적 배출도 잘 이루어져 건강한 사람이라면 항상 적정한 농도를 유지하게 된다. 배설은 주로 소변을 통해 이루어진다.

셀레늄의 대표적인 기능은 항산화 작용이며, 체내에서 생성된 과산화수소를 분해하는 역할을 한다. 셀레늄의 항산화 작용은 비타민E보다 약 2,000배나 강한 효과를 내므로 미량으로도 큰 효과를 낼 수 있으며, 셀레늄을 적정량 섭취하면 비타민E 요구량을 줄일 수 있다.

셀레늄은 육류, 곡류, 견과류, 채소류, 어패류, 해조류 등 모든 식품에 포함되어 있다. 식물성 식품의 셀레늄 함량은 그 식물이 생산된 토양의 셀레늄 함량에 의존하고, 동물의 경우 사료로 쓰인 식물의 셀레늄 함량에 따라 차이가 난다. 따라서 같은 종류의 식품이어도 셀레늄의 함량은 큰 차이를 보인다.

셀레늄 섭취의 주 급원 식품은 각 나라의 식생활 관습에 따라 다르다. 한국인은 비교적 곡류 섭취가 높은 나라이므로, 곡류가 셀레늄의 주 공급원이다. 한국인은 일상적인 식사를 통하여 충분한 양의 셀레늄을 섭취하고 있으므로 셀레늄 부족을 걱정할 필요는 없다.

일반적으로 건강한 사람에게서 셀레늄 결핍이 나타나기는 어려우나, 영양 상태가 나쁘거나 셀레늄이 결핍된 토양에서 자란 식품을 주로 섭취하는 사람에게는 나타날 수 있다. 셀레늄 결핍의 증상은 주로 근육과 관련되어 있으며 근육통, 근육 무력증, 심근증(心筋症) 등이 나타날 수 있다.

또한 타이로신(tyrosine)에서 갑상샘호르몬인 T4를 만드는 과정에서 생성된 활성산소를 제거하는 효소의 활성에 셀레늄이 꼭 필요하며, 또한 T_4에서 T_3로 전환하는 과정에서도 셀레늄이 필수적인 역할을 한다. 결국 셀레늄이 부족하면 요오드 결핍과 마찬가지 증상이 나타난다.

셀레늄은 결핍보다는 과잉이 주된 관심사이며, 예전부터 독성물질로 알려져 왔다. 독성은 셀레늄의 형태에 따라 다른데, 원소 상태와 금속 셀레늄화물(selenide)은 비교적 독성이 적다. 반면에 셀레늄산염(selenate)과 아셀레늄산염(selenite)은 독성이 크며, 셀레늄화수소(H_2Se)는 특히 유독한 기체이다.

일반적으로 식사를 통한 셀레늄 섭취로는 독성이 나타나지 않으며, 산업상의 재해로 고농도의 셀레늄에 노출되거나 셀레늄 함유 영양보충제를 과다하게 복용하였을 때 과잉증상이 발생할 수 있다. 따라서 영양보충제보다는 식품을 통한 셀레늄 섭취가 권장되고 있다.

셀레늄이 과잉되면 복통, 설사, 구토, 피로감, 초조감, 피부 발진 등의 증상이 나타나며, 지속해서 과잉되면 만성독성인 셀레늄중독증(selenosis)으로 발전하게 된다. 셀레늄중독증의 증상은 호흡 시 마늘 냄새가 나며, 손발톱이 부스러지고, 머리털 및 치아가 빠진다. 증상이 심해지면 감각 상실, 경련, 마비, 간경화증 등이 나타나며, 정신을 잃거나 죽음에 이르기도 한다.

〈한국인 영양소 섭취기준〉에 의하면 셀레늄의 일일 권장섭취량은 남녀 구분 없이 1~2세 유아의 23μg에서 나이에 따라 증가한다.

15~18세에서 65㎍으로 최고치를 보인 후, 19세 이상에서는 모두 60㎍으로 감소한다. 임신부와 수유부는 각각 4㎍과 10㎍이 추가된다.

1세 미만 영아의 경우 권장섭취량은 없으며, 9~12㎍의 충분섭취량이 설정되어 있다. 상한섭취량은 1세 미만 영아는 40~65㎍이고, 1~5세 유아는 70~100㎍이다. 6~11세는 150~200㎍이고, 12~18세는 300㎍이며, 19세 이상 성인은 임산부와 수유부를 포함하여 400㎍이다.

요즘은 필수미네랄로서 주목받고 있지만, 셀레늄은 필요량 이상으로 섭취하게 되면 독성을 나타내는 중금속이기도 하다. 따라서 〈한국인 영양소 섭취기준〉과 별도로 '먹는물관리법'에서는 건강상 유해영향 무기물질로 규정하고, 0.01㎎/L 이하로 기준을 정하고 있다.

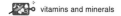

31
몰리브덴

몰리브덴은 은회색의 딱딱한 금속으로 양이 많지는 않지만, 지구 상에 두루 퍼져 있다. 몰리브덴은 천연 상태에서는 원소 형태로 존재하지 않고 화합물로만 존재한다. 몰리브덴 광석 중에서 가장 일반적인 것은 휘수연석이고, 화학적 성분은 이황화몰리브데넘(MoS_2)이다.

몰리브덴은 주로 철과 합금하여 특수강(特殊鋼)을 만드는 재료로 사용된다. 14세기 일본에서 제조된 칼에 몰리브덴 합금 강철이 사용되었으나, 합금 기술은 전해지지 못하였다. 몰리브덴은 새로운 원소로 밝혀진 이후에도 한동안 거의 주목을 받지 못하였으며, 실험실적 호기심의 대상에 지나지 않았다.

제1차 세계대전을 겪으면서 몰리브덴을 첨가한 특수강의 우수성이 증명되었으며, 몰리브덴 생산량의 약 90%는 특수강을 만드는 데 사용된다고 한다. 오늘날에는 무기류뿐만 아니라 항공기나 자동차의 부품, 각종 절삭공구와 면도날에 이르기까지 다양하게 이용되고 있다.

몰리브덴이란 이름은 그리스어로 '납(鉛, lead)'을 의미하는 '몰리브도스(molybdos)'에서 유래되었다. 옛날에는 외관이 비슷한 방연석(方鉛石, galena), 흑연(黑鉛, graphite), 휘수연석(輝水鉛石, molybdenite) 등을 구분하지 못하고 모두 'molybdos'라고 불렀었다.

'검은 납'이라 불리는 흑연은 탄소(C) 원자가 육각형의 판상구조(板狀構造)를 가진 광물이며, 휘수연석 역시 육각형의 판상구조를 가지고 있고 색상, 모양, 촉감 등에서 흑연과 비슷하여 눈으로는 잘 구분할 수 없다. 휘수연석은 결정이 층을 이루고 있어 잘 미끄러지므로 윤활 효과를 나타내기도 한다.

휘수연석과 흑연을 구분하게 된 이후에도 한동안 화학적 성분이 황화납(PbS)인 방연석과 혼동하였다. 1754년 스웨덴의 화학자 벵트 안데르손 퀴스트(Bengt Andersson Qvist)가 휘수연석은 방연석과 다르고, 이 광물에는 납이 들어있지 않음을 밝혔다.

1778년 스웨덴의 샤일(Carl Wilhelm Scheele)은 휘수연석에는 납이 들어있지 않으며, 새로운 원소를 포함한 광물임을 밝히고, 몰리브도스(molybdos)와 구분하여 휘수연석에 '몰리브데나이트(molyb-denite)'란 이름을 붙였다. 그리고 새로운 원소는 '몰리브데넘(molyb-denum)'이라고 명명하였다.

1781년 스웨덴의 피터 제이콥 이엘름(Peter Jacob Hjelm)이 몰리브덴을 분리하는 데 성공하였다. 몰리브덴의 원소기호는 'Mo'이고, 원자번호는 '42'이다. 우리나라에서는 일반적으로 '몰리브덴(molybdän)'이란 독일어 이름이 사용되고 있으나, IUPAC 및 대한화학회에서 공식적으로 인정한 이름은 '몰리브데넘'이다.

몰리브덴이 필수영양소로서 인식되기 시작한 것은 최근의 일이며, 처음에는 독성미네랄로 취급되었다. 몰리브덴은 인체에 극소량 존재하여 성인의 몸에는 5~10mg 정도 들어있으며, 주로 간과 신장에 포함되어 있다. 그 외에도 위와 장, 부신, 근육, 뼈 및 치아 등 신체 여러 부위에 들어있다.

몰리브덴은 거의 모든 생명체에서 필수적인 원소이며, 생명체 내에서 발견된 몰리브덴 함유 효소는 약 50종에 이른다. 그중에서도 가장 유명한 것이 질소고정 작용을 하는 니트로게나제(nitrogenase)로서, 대기 중의 질소(N₂)를 암모니아(NH₃)로 바꾸어 모든 생명체에 꼭 필요한 질소를 흡수할 수 있도록 도와준다.

몰리브덴은 쉽게 산화 형태로 변화하므로 산화환원반응에서 전자전달 물질로 작용할 수 있으며, 산화환원효소의 구성성분이 되거나 활성에 필요한 보조인자로 작용한다. 몰리브덴은 아미노산, 당, 지질의 대사에서 필요하며, 수은이나 카드뮴과 같은 중금속의 배설을 촉진하기도 한다. 여성의 임신에도 필요하며, 철의 이용률을 증가시킨다.

몰리브덴은 두류, 곡류, 견과류, 우유 및 유제품, 간(肝) 등에 풍부한 편이며, 일반적으로 육류, 과일, 채소류 등에는 함량이 적다. 흙 속에 포함된 몰리브덴의 함량 및 흙의 pH에 따라서 그곳에서 자란 식물의 몰리브덴 함량이 달라질 수 있으며, 동물의 경우에는 주어진 식물 사료에 따라 함량이 달라진다.

몰리브덴은 다양한 식품에 포함되어 있고, 인체에서 필요로 하는 양이 많지 않기 때문에 정상적인 식사를 하는 건강한 사람에게는 결핍이 발생하기 어렵다. 그러나 특수한 경우에 결핍이 발생할 수도 있으며, 증상으로는 맥박과 호흡이 빨라지고, 혼수상태로 되거나 무기력, 야맹증 등이 나타난다.

몰리브덴은 비교적 독성이 없는 미네랄이며, 과잉으로 흡수한 몰리브덴은 소변으로 빠르게 배설되어 항상성이 유지된다. 몰리브덴 과잉 섭취에 의한 독성 연구는 대부분 동물에 대한 것이고, 사람을 대상으로 한 연구는 별로 없으며, 고농도 영양제를 복용하였을 경우 설사, 빈혈, 통풍(痛風) 등이 유발되었다고 한다.

동물에서 나타난 과잉 섭취 증상으로는 위장 장애, 성장 지연, 체중감소, 신장질환, 생식 기형, 뼈 변형, 빈혈, 관절통 등이 발생하였다. 혈액 내에 몰리브덴의 농도가 높으면, 구리의 흡수가 방해받아 구리 결핍증이 발생하였다.

〈한국인 영양소 섭취기준〉에 의하면 몰리브덴의 일일 권장섭취량은 1~2세 유아의 10㎍에서 나이에 따라 증가한다. 남자의 경우 12~64세에서 30㎍으로 최고치를 보인 후, 65세 이상에서는 28㎍으로 감소한다. 여자의 경우는 12~64세에서 25㎍으로 최고치를 보인 후, 65세 이상에서는 22㎍으로 감소하며, 수유부의 경우는 3㎍이 추가된다.

상한섭취량은 1~2세 유아의 100㎍에서 나이에 따라 증가한다. 남자의 경우 19~49세에서 600㎍으로 최고치를 보인 후, 50세 이상에서는 550㎍으로 감소한다. 여자의 경우는 15~49세에서 500㎍으로 최고치를 보인 후, 50세 이상에서는 450㎍으로 감소한다.

32

크롬

크롬은 은백색의 광택이 나는 단단한 금속으로서 지각에 널리 존재하지만, 그 양은 그다지 많지 않다. 크롬은 비교적 반응성이 크기 때문에 천연에서는 원소 상태로 존재하지 않고, 보통은 크롬철석(chromite)이나 홍연석(crocoites)과 같은 광물에서 얻게 된다.

크롬은 내열성이 있고, 쉽게 변색하지 않으며, 약품 등에도 잘 견디고, 각종 합금에 첨가물로 넣으면 잘 부식되지 않고 강도가 증가한다. 이런 이유로 크롬은 도금이나 합금의 재료로 널리 이용된다. 대표적인 예가 철과의 합금인 스테인리스스틸(stainless steel)이다. 스테인리스스틸에는 크롬이 10% 이상 사용되며, 그 외에도 니켈, 탄소, 몰리브덴 등이 소량 첨가되기도 한다.

스테인(stain)은 '얼룩'이란 뜻이고, 리스(less)는 '~없는'이라는 뜻이므로 '스테인리스'는 '얼룩지지 않은/녹슬지 않는'이란 의미이다. 스테인리스스틸은 '스테인리스강(鋼)'이라고도 하며, 줄여서 '스텐' 또는 '스뎅'이라고도 한다. 스텐이나 스뎅은 스테인리스스틸을 의미하는

일본어 '스텐(ステン)'에서 온 말이다.

스테인리스스틸은 단단하고 녹슬지 않아서 드릴(drill) 등의 공구류나 베어링(bearing) 등의 기계부품에 많이 사용되며, 그 외에도 주방기구, 건축자재 등에 널리 사용되고 있다. 니켈과 크롬의 합금으로 만든 니크롬선(nichrome wire)은 전기저항이 강하여 토스터나 헤어드라이어의 전열선(電熱線)으로 사용된다.

1976년 중국 진시황(秦始皇: BC 259년~BC 210년)의 능(陵) 부근에서 병마용갱(兵馬俑坑)이 발견되었으며, 그곳에서 청동제 화살촉과 칼이 거의 부식되지 않은 상태로 출토되었다. 2천 년이 넘는 긴 시간 동안 부식되지 않은 원인을 분석한 결과 크롬 산화물을 얇게 도금한 것으로 밝혀졌다.

1761년 독일의 지질학자인 요한 고틀롭 레만(Johann Gottlob Lehmann)은 러시아 우랄산맥의 한 광산에서 주홍색 광석을 발견하였다. 이 광석은 당시까지 알려진 다른 광석에서는 볼 수 없는 모양과 색을 가지고 있었으며, 그는 '시베리아산 붉은 납(Siberian red lead)'이라는 이름을 붙였다.

우리말로는 '붉은 납 광석'이라는 의미로 홍연석(紅鉛石) 또는 홍연광(紅鉛鑛)이라 부른다. 레만은 이 광물이 셀레늄과 철이 들어있는 납 화합물이라고 생각하였는데, 실제 화학 성분은 크로뮴산납($PbCrO_4$)으로 셀레늄이 아닌 크롬이 포함된 화합물이다.

서양에서는 18세기경부터 크롬 화합물이 염료로 주목받기 시작하였다. 1770년에 독일의 생물학자 피터 사이먼 팔라스(Peter Simon

Pallas)는 홍연석이 염료로서 좋은 특성을 갖는다는 것을 발견하였다. 그 후로 홍연석은 밝은 노란색을 내는 염료로 큰 인기를 끌었다.

홍연석을 주성분으로 하는 크롬옐로우(chrome yellow)는 미국의 통학버스 및 유럽의 우체국 표지 등에 사용되기도 하였다. 그러나 이 안료는 시간이 지나면 산화크로뮴(Cr_2O_3)이 생성되어 색이 어두워지는 경향이 있고, 환경 및 안전 문제로 현재는 납과 크롬이 없는 유기안료(有機顏料)로 대체되었다.

크롬의 산화 상태는 -2, -1, +1, +2, +3, +4, +5, +6 등 다양하여 여러 화합물을 만들 수 있으며, 크롬 화합물의 색깔은 자주색, 녹색, 주황색, 노랑색 등 아주 다양하다. 루비나 에메랄드와 같은 보석이 적색 및 녹색의 아름다운 빛깔을 내는 것도 미량의 크롬이 섞여 있기 때문이다.

프랑스 화학자 니콜라스 루이 보클랭(Nicolas Louis Vauquelin)은 1760년대부터 홍연석에 대한 화학적 조사를 진행하였으며, 1797년 이 광물이 당시까지 알려지지 않은 원소를 포함하고 있다는 사실을 발견하였으며, 다음 해에는 금속 상태의 크롬을 분리해 내는 데 성공하였다.

새로운 원소의 화합물이 다양한 색을 나타내기 때문에 보클랭은 '색깔(color)'을 뜻하는 그리스어 '크로마(chroma)'에서 따와 '크롬(chrome)'이라고 명명하였다. 후에 IUPAC에서 금속원소의 접미어 '-ium'을 붙여 '크로뮴(chromium)'으로 하였다. IUPAC에서는 금

(gold), 은(silver) 등 고대부터 알려져 온 금속들은 그 이름을 그대로 사용하나, 근대 이후 발견된 대부분 금속원소에는 'ium'을 붙인다.

우리나라에서는 일반적으로 '크롬(chrom)'이라는 독일식 이름이 사용되고 있으나, 대한화학회에서 공식적으로 인정한 이름은 '크로뮴'이다. 국립국어원에서는 크롬과 크로뮴을 모두 표준어로 보고 있다. 크롬의 원소기호는 'Cr'이고, 원자번호는 '24'이다.

크롬의 산화 상태는 다양하나 이들 중 3가크로뮴(Cr^{3+}) 및 6가크로뮴(Cr^{6+})이 가장 많은 형태이다. 3가크로뮴은 가장 안정한 상태이며 사람에게 필요한 필수미네랄로서 식품에서 말하는 크롬은 보통 3가크로뮴을 의미한다. 3가크로뮴은 독성이 없으나, 6가크로뮴은 독성이 강하여 규제의 대상이 되고 있다.

6가크로뮴은 식품에는 포함되어 있지 않고 주로 도금, 색소 제조, 가죽 가공, 목재 처리 등의 산업현장에서 생성되며 알레르기 피부염, 기관지염, 폐암 등의 원인이 된다고 하여 문제가 되고 있다. 이를 반영하여 2017년부터 우리나라에서도 주요 페인트 제조사들이 6가크로뮴을 사용한 건축용 페인트 대신에 유기안료를 사용한 친환경 페인트를 생산하게 되었다.

인체 내의 크롬 함량은 미량미네랄 중에서도 낮으며, 성인의 몸에는 약 2㎎이 들어있다고 한다. 크롬은 주로 뼈에 있으며, 그 외에도 지라, 신장, 간 등에 있다. 크롬은 인슐린(insulin)의 활성화를 돕는 내당인자(耐糖因子)를 구성하는 재료가 되어 당뇨병을 예방하는 기능이 있다는 것이 알려지면서 필수미네랄로 취급되게 되었다.

인슐린은 탄수화물, 지질, 단백질의 대사 작용에 중요한 역할을 하는 호르몬이며, 혈액 속 포도당의 양을 일정하게 유지하는 역할을 한다. 식사 후에 혈당이 증가하면 우리 몸은 인슐린의 분비를 촉진해 혈당을 낮추도록 한다. 인슐린이 제대로 작동하지 못하면 혈당치를 조절하지 못하여 당뇨병에 걸리게 된다.

크롬은 사람을 비롯한 어린 동물에서 성장에 기여한다고 하며, 특히 영양불량 어린이에게 크롬을 보충하였더니 성장개선 효과를 나타내었다고 한다. 그러나 크롬에 관한 연구는 주로 동물을 대상으로 한 것이며, 사람의 경우에 관한 연구는 아직 부족하여 좀 더 연구가 필요한 상태이다.

크롬은 육류 및 육가공품, 계란, 우유 및 유가공품, 음료, 곡류, 두류, 과일, 채소 등 거의 모든 식품에 포함되어 있다. 농축산물의 크롬 함량은 그 지역 토양의 크롬 함량에 따라 차이가 있으며, 가공품의 경우에는 생산 및 제조 방법에 따라 차이가 발생한다. 곡물의 경우 도정에 의해 크롬이 크게 손실되며, 백미나 1등급 밀가루의 경우는 90% 이상의 크롬이 제거된다.

크롬이 소화기관에서 흡수되는 과정은 분명하지 않으며, 흡수율은 매우 낮아서 식사를 통하여 공급된 크롬은 거의 흡수되지 않고 약 98% 정도가 대변으로 배설된다. 비타민C는 크롬의 흡수율을 높여주며, 아연은 상호 경쟁 관계에 있어 아연이 부족하면 크롬의 흡수율이 증가한다고 한다.

인체는 크롬의 항상성 유지를 위한 체계가 발달되어 있어 크롬의 섭취가 부족할 때 흡수율이 증가한다. 일단 흡수된 크롬은 주로 신장을 통하여 소변으로 배설되고, 일부는 땀 및 대변으로 배출된다. 크롬은 인체에 상당히 오랫동안 축적되어 있는 것으로 보고되었으며, 나이가 듦에 따라 축적량은 감소한다.

일반적인 식사를 통하여도 필요한 만큼의 크롬을 섭취할 수 있으므로 결핍 증상은 잘 나타나지 않는다. 그러나 임신, 갑상샘호르몬 기능 저하 등의 영향으로 결핍이 초래될 수 있으며, 단당류나 이당류 등 단순당을 과잉으로 섭취하면 소변으로 크롬 배설량이 증가하여 발생할 수 있다.

그러나 크롬의 결핍증은 결핍 수준을 유도하기 어렵기 때문에 사람에 대한 연구 결과는 많지 않으며, 영양소를 정맥에 직접 공급받는 환자에 대한 연구 보고가 있을 뿐이다. 동물을 대상으로 한 실험에서는 크롬이 결핍되면 당뇨병, 동맥경화증, 콜레스테롤 증가, 사지의 무감각이나 저림 등의 증상이 나타났다.

크롬이 인슐린의 기능에 영향을 주고 고혈당증과 고지혈증을 개선한다는 효과가 있다는 연구 결과가 알려지면서 미국을 비롯한 여러 나라에서 크롬 보충제의 섭취가 증가하였다. 그러나 그 효과에 대해서는 반론도 있으며, 〈건강기능식품공전〉에서 인정하는 기능성 내용은 "체내 탄수화물, 지방, 단백질 대사에 관여"이다.

영양보충제 복용으로 인한 크롬의 과잉 섭취 우려가 있어 이에 관한 연구들이 진행되었으나, 지금까지 3가크로뮴(Cr^{3+}) 과잉의 부작용에 대해 보고된 것이 없다. 일반적으로 금속 크롬과 식품에 함유된 3가크로뮴은 건강에 위험하지 않은 것으로 여겨진다.

크롬은 토양뿐만 아니라 공기 중에도 포함되어 있으므로 호흡을 통해서도 우리 몸에 들어올 수 있으나, 그 양은 음식물로 섭취하는 것에 비하면 소량에 불과하다. 현재까지 보고된 대부분의 연구에서 크롬의 독성은 산업현장에서 공기 전파를 통해 6가크로뮴(Cr^{6+}) 화합물에 지속적으로 노출된 경우에 대한 것이다.

식품에는 간혹 4가크로뮴(Cr^{4+})이 오염되어 있기도 하나 위산에 의하여 환원되어 쉽게 3가크로뮴으로 전환된다. 그러나 크로뮴산염(chromate)이나 다이크로뮴산염(dichromate)으로 존재하는 4가크로뮴은 이들을 생산하고 취급하는 작업장에서 먼지와 함께 흡입하게 되며, 알레르기 피부염이나 암을 유발하기도 한다.

〈한국인 영양소 섭취기준〉에는 크롬의 일일 충분섭취량만 설정되어 있으며, 6개월 미만 유아의 0.2㎍에서 나이에 따라 증가한다. 남자의 경우 15~18세에서 35㎍으로 최고치를 보인 후, 65세 이상에서는 25㎍으로 감소한다. 여자의 경우는 9세 이상은 모두 20㎍이며, 임신부는 5㎍이 추가되고, 수유부는 20㎍이 추가된다.

33
황

황은 밝은 황색을 띠는 비금속 원소로 자연에서 원소 상태로 발견되는 몇 안 되는 원소 중 하나이다. 황은 지표보다는 지하에 많으며 주로 화산활동과 함께 표출된다. 황은 다른 화합물과도 쉽게 결합하여 여러 종류의 광석에서 흔히 볼 수 있다. 지각에서는 일곱 번째로 많고 주로 화산이나 온천 부근에서 발견된다.

황은 아주 오랜 옛날부터 그 존재가 알려져 있었다. 화산의 폭발은 예나 지금이나 공포의 대상이며, 시퍼런 불꽃과 함께 흘러내리는 황은 두려움의 상징이 되었다. 황은 예전에는 '브림스톤(brimstone)'이라고도 불렀으며, 주로 재앙과 지옥의 상징으로 구약성경에도 여러 차례 언급되고 있다.

순수한 황은 냄새가 없고 독성도 거의 없지만, 많은 황화합물은 심한 냄새가 나고 일부는 독성이 강하다. 황은 태우면 파란 불꽃과 함께 자극성이 있는 냄새가 났기 때문에 고대로부터 사람들의 주목을 받았다. 따라서 고대의 중국, 이집트, 인도, 로마 등에도 황에 대한 기록이 남아있으며, 대부분 언어에 황을 의미하는 고유의 명칭이 있다.

중국에서는 '류(硫, liú)'라고 하며, 일본에서는 '이오(硫黃, いおう)'라고 한다. 우리나라의 경우 과거에는 일본식으로 '유황(硫黃)'을 사용하였으나, 요즘은 일반적으로 앞의 '류(硫)'자를 떼어버리고 '황(黃)'이라고 부른다. 대한화학회에서 인정한 공식 명칭도 '황'이다.

황은 미국에서는 'sulfur', 영국에서는 'sulphur'라고 표기하고 있으나, IUPAC에서는 'sulfur'를 원칙으로 하고 있다. '설퍼(sulfur)'는 고대 인도어인 산스크리트어(梵語)로 '불의 근원'을 뜻하는 'sulvere'에 근원을 둔 라틴어 'sulphurium'에서 유래되었다고 한다. 이는 화산활동과 함께 불타는 황이 표출되는 것과 관련이 있었을 것으로 짐작된다.

황의 원소기호는 'S'이고, 원자번호는 '16'이다. 황의 존재는 고대로부터 알려져 있었으나, 화합물이 아닌 하나의 원소로 처음 인정한 것은 1777년 프랑스의 화학자 앙투안 로랑 라부아지에(Antoine Laurent Lavoisier)였다. 오늘날 황은 의약품, 화약, 성냥, 비료, 살충제 등 여러 산업 분야에서 이용되고 있다.

황은 모든 생명체에 필수적인 원소이고, 사람에게도 하루에 100mg 이상 필요한 다량 미네랄이며, 신체의 거의 모든 조직에서 발견된다. 인체에서 무게로 8번째로 많은 원소이며, 칼륨과 비슷하고 나트륨과 염소보다는 약간 더 많다. 체중 70kg의 성인에는 약 140g의 황이 포함되어 있다.

황은 주로 유기화합물의 형태로 존재하며 시스테인(cysteine), 시스틴(cystine), 메싸이오닌(methionine) 등의 아미노산이나 비타민 B_1(티아민), 비타민B_7(바이오틴), 비타민B_{12}(코발라민) 등의 비타민은 모두 황을 포함하는 유기화합물이다. 또한 싸이오레독신(thioredoxin), 철유황단백질(iron-sulfur proteins) 등 많은 보조인자도 황을 포함하고 있으며, 인슐린 등의 호르몬에도 황이 들어있다.

황은 인체를 구성하는 중요한 기능을 한다. 황을 포함하는 단백질은 다른 단백질보다 단단하여서 머리카락, 손톱, 발톱 등을 튼튼하고 윤기 있게 하는 작용을 한다. 황은 이외에도 피부, 연골, 힘줄, 뇌, 간, 심장, 신장 등 신체조직의 구성성분이 된다.

싸이오레독신은 세포 내의 활성산소를 제거하는 항산화반응에서 중요한 역할을 한다. 글루탐산, 시스테인, 글라이신 등 세 가지 아미노산이 결합한 글루타싸이온(glutathione)은 인체 내의 산화환원반응에서 중요한 역할을 하며, 중금속과 결합하여 몸 밖으로 배출하는 해독작용에도 관여한다. 활성형 황산염은 페놀류, 크레졸류 등과 같은 해로운 물질을 체외로 배설하도록 도와준다.

식물의 뿌리는 황산이온(SO_4^-)의 형태로 황을 흡수하며, 식물체 내에서의 생화학 반응에 의해 시스테인을 비롯한 황화합물로 변경하여 사용하게 된다. 동물은 식물에 의해 유기화합물로 변경된 황을 섭취하게 되므로, 식물성 식품뿐만 아니라 동물성 식품에서도 황을 함유한 유기화합물이 다량 존재하게 된다. 황은 육류, 우유, 계란, 두류 등 단백질이 풍부한 식품에 많이 포함되어 있다.

사람의 경우 황은 대부분 유기물인 황아미노산으로 소장에서 흡수하며, 무기물 형태로는 흡수가 잘 이루어지지 않는다. 흡수된 황아미노산은 분해되어 황이온(S^-), 황산(H_2SO_4) 등 무기물이 되고, 인체에서 필요한 여러 황화합물의 원료로 사용하게 된다. 여분의 황은 무기염의 형태로 중화되어 소변을 통해 배출된다.

황은 일반적인 식사를 통하여 충분히 섭취되고 있으므로 결핍 증상이 나타나기는 어렵고, 결핍증에 대한 연구보고도 많이 알려져 있지 않다. 만일 결핍이 발생하면 머리카락, 손톱, 발톱 등의 연화증(軟化症)을 비롯하여 피부염, 신경염 등의 증세가 나타난다고 한다.

황 자체는 독성이 없으나 황을 포함한 화합물 중에는 아주 위험한 독성물질이 많이 있다. 대표적인 것으로 비료의 제조를 비롯하여 정유(精油), 폐수 처리 등 화학 산업에서 널리 사용되는 황산이 있다. 황산은 부식성이 강하고, 피부에 닿으면 심각한 화상을 유발할 수 있어서 위험물로 취급된다.

황의 산화물인 이산화황(SO_2)은 달걀 썩는 냄새와 유사한 불쾌하고 자극적인 냄새가 나는 기체이다. 포도주의 산화를 막기 위한 산화방지제로도 사용되고, 식품의 갈변을 방지하는 표백제로도 사용되지만, 대기오염과 산성비의 주된 원인이 되기도 한다. 독성이 강하여 많은 양을 흡입하면 인체에 치명적인 해가 되기도 한다. 만성피해로는 폐렴, 기관지염, 천식 등이 있다.

황화수소(H_2S)는 매우 유독한 가연성 기체이며, 공기보다 무거워

환기가 잘 되지 않는 공간의 아랫부분에 축적된다. 저농도 황화수소에 노출되면 눈의 자극, 인후염, 구토, 두통, 호흡곤란, 현기증, 기관지염 등의 증상이 나타나고, 고농도로 노출되면 호흡마비, 혼수, 질식성 발작 등이 나타나며, 심하면 사망할 수도 있다.

옛날에 우리나라에서 가장 흔히 사용되던 독인 비상(砒霜)의 주성분은 비소(As)와 황이다. 따라서 음식물에 독이 있나 검사할 때 은수저를 사용하였는데, 이는 비상 속의 황 성분이 은과 반응하여 황화은(Ag₂S)을 형성하게 되어 표면이 검게 변하는 현상을 이용한 것이다.

그러나 은수저는 모든 독을 검사할 수 있는 것은 아니며, 황을 함유한 유독물질만을 알아낼 수 있을 뿐이다. 독이 아니더라도 황이 포함된 것이면 은수저의 색깔이 변하게 된다. 은수저로 계란을 먹으면 색깔이 변하는 것도 계란에 풍부한 황 성분 때문이며, 독성과는 무관하다.

황은 연구 결과가 불충분하여 권장섭취량이나 상한섭취량 등이 설정되어 있지 않다. 황은 시스테인, 시스틴, 메싸이오닌 등의 아미노산에 포함되어 있으며, 이들을 많이 함유한 단백질식품을 권장량 수준 이상으로 섭취하면 인체에서 필요로 하는 황을 충분히 공급할 수 있다고 여겨진다.

붕소

붕소는 흑갈색의 무정형(無定形) 고체로 다이아몬드 다음으로 단단하며, 금속광택을 지니고 있으나 비금속 원소이다. 바다, 암석, 토양 등 주변에 널리 분포하고 있으나, 흔히 발견되는 원소는 아니다. 자연 상태에서 단독으로 존재하지는 않고 주로 붕사(硼砂, borax)나 붕산(硼酸, boric acid)과 같은 화합물로 산출된다.

붕소 화합물의 존재는 수천 년 전부터 바빌론, 이집트, 중국, 아랍 등에서 알고 있었다. 고대 중국과 아라비아 등에서는 도자기의 표면에 바르는 유약(釉藥)의 원료로 붕사를 사용하였다. 붕사는 내연성(耐燃性)이 있어 오늘날에도 내열유리, 단열재(glass wool) 등의 제조에 사용된다.

붕산은 살균력이 있으며, 자극성도 없어서 화상이나 피부의 상처를 치료하는 붕산연고나 안약의 중요한 성분으로 사용된다. 붕산은 사람을 비롯한 포유류에게는 독성이 없으나 개미, 벼룩, 바퀴벌레 등은 붕소를 배설하지 못해 독이 되므로 곤충을 퇴치하는 살충제로도 활용된다.

붕소와 탄소의 화합물인 보론카바이드(B_4C)는 다이아몬드 못지 않게 엄청나게 단단하고, 높은 열과 마찰에도 타거나 마모되지 않기 때문에 강한 기계적 특성이 요구되는 재료에 널리 쓰인다. 보론카바이드의 미세한 분말은 연마재(研磨材)로 많이 쓰이고, 절삭공구의 끝에는 보론카바이드의 굵은 가루를 붙이기도 한다.

붕소와 질소의 화합물인 질화붕소(BN)는 흑연과 유사한 결정구조를 가지고 있고, 뛰어난 내열성과 전기절연성이 있으며, 정밀 가공이 가능하므로 트랜지스터, 집적회로(IC)의 기판, 밀봉히터의 절연재로 사용된다. 3,000℃ 정도의 고열에도 견디므로 우주선 로켓의 분사구에도 쓰인다.

자연 상태에서 붕소는 약 80%의 '^{11}B'와 약 20%의 '^{10}B' 등 두 개의 안정된 동위원소가 있다. '^{10}B'는 중성자흡수 능력이 크기 때문에 원자로 안의 중성자흡수 제어봉의 주재료로 사용된다. 동위원소(同位元素, isotope)란 원자번호는 같지만, 질량이 다른 원자를 말한다. 동위원소는 화학적 성질은 같고, 물리적 성질은 다르다.

붕사와 황산으로 붕산을 만들어내는 방법은 17세기경부터 알려졌으나, 붕소가 원소로 인식되기 시작한 것은 19세기 이후의 일이다. 1808년 프랑스의 게이뤼삭(Joseph Louis Gay-Lussac)과 루이 자크 테나르(Louis Jacques Thénard) 및 영국의 데이비(Humphrey Davy)는 비슷한 시기에 각각 독자적으로 붕산에서 붕소를 분리하는 데 성공하여 공동으로 붕소의 최초 발견자라는 명예를 얻었다.

그러나 그들이 분리한 붕소에는 불순물이 상당히 많이 섞여 있었으므로, 그들은 이것이 새로운 원소라는 것을 인식하지 못하였다. 붕소를 하나의 원소로 인정한 것은 1824년 스웨덴의 베르셀리우스(Jöns Jacob Berzelius)에 의해서였으며, 순수한 붕소는 1909년 러시아 출신 미국인인 에스겔 와인트라우브(Ezekiel Weintraub)에 의해 최초로 분리되었다.

게이뤼삭과 테나르는 자신들이 분리해낸 물질을 '보어(bore)'라고 불렀으며, 지금도 붕소를 의미하는 프랑스어로 사용되고 있다. 데이비는 처음에는 금속원소를 의미하는 '보라슘(boracium)'이라는 이름을 제안하였으나, 그 성질이 탄소(carbon)와 비슷하므로 1812년에 '보론(boron)'이라고 이름을 변경하였다.

붕소의 원소기호는 'B'이고, 원자번호는 '5'이며, IUPAC에서 정한 공식 명칭은 '보론(boron)'이다. 'boron'이란 이름은 '붕사(borax)'에서 따왔고, 'borax'라는 단어는 '하얀 것'이라는 의미가 있으며 붕사를 뜻하기도 하는 아랍어 '부라크(buraq)'에서 유래하였다.

대한화학회에서 정한 우리나라의 공식 명칭은 '붕소'이며, 이는 일본어인 '호소(硼素, ほうそ)'에서 유래된 것이다. 한자 '硼(붕)'의 일본식 발음은 '호오(ほう)'이며, 여기에 원소를 나타내는 '素(そ)'를 붙인 것이다. 일본어에서 이런 식의 원소 이름은 붕소(硼素) 외에도 불소(弗素), 옥소(沃素) 등 종종 발견된다.

붕소는 인체에 아주 소량밖에 들어있지 않은 원소로서 필수미네랄로 인식되기 시작한 것은 1980년대 말부터이며, 지금까지도 자세한 기능은 밝혀지지 않고 있다. 붕소는 인체 대부분 조직에서 발견되지만, 특히 뼈, 비장(脾臟), 갑상샘 등에 많이 포함되어 있어 뼈의 대사 및 호르몬 대사에 관여하는 것으로 추정되고 있다.

또한 붕소는 칼슘, 마그네슘, 구리 등의 미네랄 및 포도당, 지질 등의 흡수 및 활용에도 관여하는 것으로 추정되고 있으며, 여성호르몬인 에스트로겐(estrogen) 및 비타민D를 활성화하고, 칼슘의 배설을 감소시켜 신장결석을 예방하는 것으로 알려져 있다.

붕소는 과일, 채소, 두류, 견과류 등 식물성 식품에는 비교적 많이 포함되어 있으나, 육류나 생선과 같은 동물성 식품에는 적게 들어있다. 일상적인 식사로 섭취하는 수준으로도 결핍이나 과잉은 발생하지 않는 것으로 추정되므로 특별히 섭취에 신경 쓸 필요는 없다.

붕소의 결핍은 5세~13세의 어린이에게 주로 나타나며, 연골의 퇴행과 성장 장애를 일으키는 카신벡질병(Kashin-Beck disease)과 관련이 있을 가능성이 제기되고 있으나 아직은 확실하지 않고, 그 밖의 다른 결핍 증상도 현재까지 보고된 것이 없다. 적정섭취량은 설정되어 있지 않으나, 성인의 경우 하루에 약 2㎎ 정도로 추정되고 있다.

붕소가 포함된 영양보충제를 장기간 복용하면 붕소 과잉이 될 수 있으며, 가려움증, 피부염, 설사, 메스꺼움, 두통 등을 유발할 수 있다. 세계보건기구(WHO)에서는 성인의 경우 하루에 1~13㎎ 정도 섭취하는 것은 문제가 되지 않는다고 하였다. 독성을 나타내려면 하루에 50㎎ 이상 섭취하여야 가능할 것으로 추정된다.

35

게르마늄

게르마늄의 원소기호는 'Ge'이고 원자번호는 '32'이며, 은회색의 단단한 원소로서 금속과 비금속의 중간적인 성질을 지니고 있다. 반도체(半導体)로서의 특징을 가지고 있어서 트랜지스터(transistor), 다이오드(diode), 태양전지(太陽電池), 광섬유(光纖維, optical fiber) 등에 이용되어 전자공학에서는 중요한 소재로 여겨지고 있다.

게르마늄은 단독으로 존재하지 않고 다른 화합물과 결합한 상태로 있으며, 고농도로는 거의 나타나지 않으므로 다른 원소들보다 비교적 늦게 발견되었다. 그러나 그 존재는 원소주기율표(週期律表, periodic table)의 기초를 확립한 러시아의 화학자 멘델레예프(Dmitrii Ivanovich Mendeleyev)에 의해 예견되었다.

멘델레예프는 1869년에 주기율표를 발표하면서 그 당시까지 발견되지 않았던 미지의 원소가 존재한다는 것과 그 특성의 일부를 예측하여 원자번호 32번의 자리를 비워두었으며, 이 원소에 '에카실리콘(ekasilicon)'이라는 이름을 붙였다. 후에 그가 예상하였던 것과 일치하는 원소가 발견되어 그의 명성을 높이는 계기가 되었다.

1885년 독일 작센(Saxony) 지방의 프라이베르크(Freiberg) 근처에 있는 광산에서 새로운 광물이 발견되었으며, 높은 은 함량 때문에 '아기로다이트(argyrodite)'라는 이름이 붙었다. 후에 이 광물의 화학식은 'Ag_8GeS_6'로 밝혀졌으며, 은 및 황과 함께 게르마늄이 들어있는 광물이었다.

1886년 독일의 화학자 클레멘스 알렉산터 빙클러(Clemens Alexander Winkler)는 아기로다이트를 분석하고, 여기에 당시까지 알려지지 않은 새로운 원소가 포함된 것을 알아냈다. 빙클러는 처음에는 안티몬과 유사하다고 여겼으나, 그것의 특성이 멘델레예프가 예측한 에카실리콘과 유사하다는 것을 확인하였다.

빙클러는 1846년에 발견된 해왕성(Neptune)과 발견 이전에 수학적 예측이 있었다는 공통점이 있어서 새로운 원소에 '넵투늄(neptunium)'이란 이름을 붙이려고 하였다. 그러나 넵투늄이 이미 다른 원소의 이름으로 제안되어 있었기 때문에 다른 이름을 고려하게 되었다. (원소기호가 'Np'인 넵투늄은 1940년에 발견된 원소의 이름이 되었다)

빙클러는 새로운 원소에 라틴어로 독일을 뜻하는 '게르마니아(Germania)'에서 이름을 따와 '게르마늄(germanium)'이라는 이름을 붙였다. 'germanium'은 IUPAC에서 인정한 공식 이름이 되었다. 우리나라의 경우 주로 독일식 발음인 '게르마늄'을 사용하고 있으나, 대한화학회에서는 공식 명칭을 영어식 발음인 '저마늄'으로 하였다.

국립국어원에서는 게르마늄과 저마늄을 모두 인정하고 있다.

게르마늄이 유기화합물과 결합한 것을 '유기(有機)게르마늄'이라 하고, 무기화합물과 결합한 것을 '무기(無機)게르마늄'이라 한다. 주로 광물질의 형태로 발견되며, 지구에 존재하는 게르마늄 대부분을 차지하는 무기게르마늄은 인체에 독성을 나타낸다. 그에 비하여 유기게르마늄은 독성이 없는 것으로 알려져 있다.

자연계에 존재하는 유기게르마늄은 식물이 토양의 게르마늄을 흡수하여 식물체 내에 함유한 것과 일부 샘물이나 온천에 포함된 미량의 유기게르마늄이 있다. 유기게르마늄은 독성이 없고 인체에 유용한 작용을 하지만 자연 상태에서는 매우 희귀하다는 단점이 있다.

예로부터 여러 질병에 치료 효과가 있다고 하여 동서양에서 약용으로 이용하던 인삼, 마늘, 영지버섯, 상황버섯, 컴프리(comfrey) 등에서 미량의 유기게르마늄이 발견되었으며, '루르드 샘물'의 유기게르마늄 함량은 다른 광천수(鑛泉水)에 비하여 상당히 높은 것으로 밝혀졌다.

루르드(Lourdes)는 프랑스 남서쪽 피레네산맥 인근의 작은 마을이지만 연간 약 500만 명의 순례자가 찾아오는 가톨릭의 성지이다. 순례자 중에는 그곳에 있는 샘물을 마시고 병이 치유되는 기적을 경험하기도 한다. 이 샘물이 유명해지게 된 것은 1858년 어떤 한 소녀의 경험에서 비롯되었다.

당시 14세이던 베르나데타 수비루(Bernadette Soubirous)는 성모 마리아의 계시를 듣고 이 샘물을 마신 후 암이 완치되었으며, 당시에는 이를 '성모 마리아의 기적'이라 하였다. 차츰 샘물은 질병 치료에 효험이 있는 성수(聖水)로 여겨지게 되었고, 마침내 교황청에 의해 가톨릭 성지(聖地)로 지정되었으며, 수비루는 성녀(聖女)로 시성 되었다.

게르마늄의 효능이 알려지게 된 것은 1912년에 노벨 생리의학상을 수상하기도 한 프랑스의 생물학자이자 외과 의사인 알렉시 카렐(Alexis Carrel)이 "루르드 샘물이 질병 치료에 효과가 있다"라는 내용의 목격담을 발표한 것이 계기가 되었다. 그 후 여러 과학자가 분석한 결과 그 샘물에는 게르마늄 함량이 높다는 것이 밝혀졌다.

1920년대까지만 하여도 게르마늄의 인체 독성에 관한 연구가 대부분이었으며, 게르마늄은 인체에 유해한 원소로 여겨졌다. 게르마늄의 효능에 관한 연구가 본격화된 것은 일본의 아사이 가즈히코(浅井一彦, あさい かずひこ)가 1967년에 수용성의 유기게르마늄을 인공적으로 합성하는 데 성공하면서부터이다.

유기게르마늄은 이론적으로는 수천 가지 화합물이 있을 수 있으며, 실제로 아사이가 속해있던 석탄총합연구소(石炭総合研究所)에서도 수백 종의 유기게르마늄을 합성하였다. 그중에서 안전성이 확인되어 식품 및 의약품에 사용이 허가된 것은 '아사이게르마늄(asaigermanium)' 또는 'Ge-132'라고 불리는 화합물이었다. 현재에도 합성 유기게르마늄이라 하면 보통 아사이게르마늄을 의미한다.

아사이게르마늄으로 암 환자를 비롯하여 당뇨, 고혈압, 간염, 심장병 등 여러 난치병을 치료하였다고 하여 1970년대 일본을 중심으로 게르마늄 신드롬을 낳게 하였고, 게르마늄은 '먹는 산소' 또는 '생명의 원소' 등으로 불리며 극찬받았다. 이에 따라 게르마늄 함유 농산물, 게르마늄 황토방, 게르마늄 온천 등 게르마늄에 관한 관심이 높아졌다.

그러나 1980년대 초부터 안정성이 검증되지 않은 모방품과 가짜 상품으로 인하여 여러 번 의료사고가 발생하여 불안감을 키웠다. 이에 미생물을 이용하여 안전한 유기게르마늄 생합성 방법이 검토되었으며, 1993년 미국 게란티(Geranti USA Inc.)의 한국 법인인 게란티제약㈜에서 세계 최초로 성공하여 '바이오게르마늄'이라고 명명하였다.

합성 유기게르마늄의 등장을 계기로 그 효능에 관한 연구가 활발해졌으며, 인체에서 중요한 역할을 한다는 것이 밝혀져서 필수미네랄로 취급되고 있다. 지금까지 알려진 게르마늄의 효능은 다음과 같은 것들이 있다. 그러나 이런 효능들은 확실한 증거는 없으며, 아직은 검증이 더 필요한 상태이다.

게르마늄은 산소가 세포막을 통과하여 세포 내로 이동하는 것을 촉진하여 산소의 효율적인 이용을 돕는다. 이를 통하여 맑은 정신과 상쾌한 기분을 갖게 해주며, 피로회복을 빠르게 해주고, 산소가 가장 많이 요구되는 곳인 뇌의 기능 쇠퇴를 막아 치매를 예방한다.

게르마늄은 반도체이며, 반도체는 과전류가 흐르면 약화시키고 전류가 약하면 잘 흐르게 하는 성질이 있다. 신체의 각 기관은 고유의 전위(電位)가 있으며, 전위가 높아지면 통증이 생긴다. 이런 곳에 게르마늄이 전달되면 전위를 낮추기 때문에 통증이 사라진다. 게르마늄이 암 치료에 효과가 있는 것도 높은 전위를 가진 암세포로부터 전자를 빼앗아 전위를 낮추는 작용을 하기 때문이다.

인체는 자기방어를 위하여 면역력과 자연치유력을 지니고 있다. 게르마늄은 항바이러스성 단백질인 인터페론(interferon)의 생성을 촉진하여 면역세포를 활성화함으로써 암세포, 바이러스 등으로부터 인체를 보호하고, 세포의 신진대사를 촉진하여 자연치유력을 증강한다.

게르마늄은 산화성이 강한 산소 원자를 보유하는 화학적 특징을 가지고 있으므로 독성물질이나 수은, 카드뮴 등의 중금속과 결합하여 몸 밖으로 배출시키는 작용을 한다고 한다.

위에서 언급한 효능은 주로 게르마늄 제품을 판매하는 회사에서 주장하는 것이고, 아직 게르마늄에 대하여는 밝혀진 것보다 모르는 것이 더 많은 것이 현실이다. 따라서 결핍 시의 유해 증상도 알려지지 않았으며, 인체에 필요한 게르마늄의 양이나 섭취기준도 정해져 있지 않다.

흡수된 유기게르마늄은 20~30시간 후에 소변으로 배출되기 때문에 체내 축적에 의한 부작용은 없는 것으로 알려져 있다. 그러나 미국 식품의약청(FDA)에서는 게르마늄 영양보충제의 과다한 복용은 사람의 건강에 잠재적인 위험이 될 수도 있다고 경고하고 있으며, 안전성이 검증되지 않은 제품의 복용으로 인한 피해가 일본과 유럽 등지에서 보고되기도 하였다.

게르마늄 제품 중에는 건강식품이나 영양보충제뿐만 아니라 팔찌나 목걸이 등의 장신구도 있다. 이런 상품은 1980년대 일본에서 유행하던 것으로서 "혈액순환이 좋아졌다." 또는 "피로가 사라졌다." 등의 경험담을 마케팅 전략으로 삼고 있으나, 어떠한 과학적 효능도 입증되지 않은 거짓이며, 사기(詐欺)에 가깝다.

36
주석

주석은 원소기호가 'Sn'이고, 원자번호가 '50'이며, 부드럽고 잘 늘어나는 성질이 있는 은백색 고체 금속이다. 천연에서 원소 상태로는 존재하지 않고 광물의 형태로 발견된다. 주석을 포함한 광물 중에서는 산화주석(SnO_2)을 주성분으로 하는 주석석(朱錫石, cassiterite)이 가장 흔하고 중요한 광석이다.

지각에 존재하는 양이 많지 않아 비교적 희귀한 원소이나 녹는점이 낮으므로 광석에서 분리해내기 쉽고, 가공도 용이한 금속이다. 주석은 인류가 광석에서 분리해 낸 금속 중에서는 납 다음으로 오래된 금속이다. 기원전 3500년경에는 구리와 주석의 합금인 청동(靑銅, bronze)을 만드는 방법을 터득함으로써 청동기시대를 열게 되었다.

주석은 인류가 오래전부터 잘 알고 있었던 원소이며, 영어로 주석을 의미하는 '틴(tin)'이란 이름의 기원은 확실하지 않다. 주석의 원소기호인 'Sn'은 주석의 라틴어 이름인 '스태넘(stannum)'에서 온 것이다. 스태넘은 원래 은과 납의 합금을 의미하던 것이었으나, 4세기경부터는 주석을 의미하는 말로 바뀌었다.

IUPAC에서는 'tin'과 'stannum'을 함께 인정하고 있으며, 대한화학회의 공식 명칭은 '주석'이다. 주석(朱錫)이란 명칭은 중국어에서 온 것이다. 중국에서는 주석을 '시(錫, xī)'라고 하여 '주석 석(錫)' 한 글자로 표현하는데, 우리말에서는 '붉을 주(朱)'를 앞에 붙여 '주석(朱錫)'이라고 부르게 된 이유는 확실하지 않다. 다만 주석의 주요 광석인 주석석이 붉은 갈색을 띠는 것과 관련이 있는 것으로 추정된다.

주석은 산출되는 양이 매우 한정적이어서 예로부터 금이나 은 다음으로 가치 있는 귀금속으로 취급되었으며, 특유의 광택이 있어서 공예품이나 생활용품의 소재로 사용되었다. 청동기시대에도 청동 제품은 상류층의 무기와 장신구용으로 제작되었을 뿐 사회 전반에 보급되지는 않았다.

유럽 여행 시 기념품 가게에서 쉽게 볼 수 있는 생활용품이나 장식품은 주석을 주성분으로 하고 여기에 소량의 납 등을 섞은 합금이며, 한자로는 '백랍(白鑞)'이라고 하고 영어로는 '퓨터(pewter)'라고 한다. 가장 오래된 백랍 제품은 BC 1500년경 이집트 고대 왕조의 유적에서 출토된 술잔이며, 중세 유럽에서는 은의 대용품으로 널리 사용되었다.

주석과 납의 합금 중에서 납의 함량이 더 많은 것을 '땜납(solder)'이라고 하며, 고대로부터 두 금속 물체 등을 연결하기 위해 녹여 붙이는 용도로 사용하였다. 주석과 납의 비율에 따라 녹는점이 변하기 때문에 여러 산업에서 다양하게 이용되고 있으며, 특히 전자기기를 제조할 때 많이 쓰인다. 요즘은 유독성 문제로 납이 들어가지 않은 합금을 사용하기도 한다.

주석은 녹이 슬지 않기 때문에 녹스는 것을 방지하기 위해 철 표면에 주석을 도금하는 방법은 고대부터 사용되었다. 강철에 주석을 도금한 제품은 1600년대에 영국에서 대량으로 생산되기 시작하였고, 우리나라에는 개화기 이후에 소개되어 '서양에서 전래한 철'이란 뜻으로 '양철(洋鐵)'이라 부르게 되었다.

양철은 지붕의 재료나 난로의 연통 등 각종 생활 용구에 널리 사용되었으며, 19세기 초 식품을 보존하기 위한 통조림이 발명된 이후에는 식품용 캔이 일반화되었다. 흔히 철로 만든 '철제 깡통(steel can)'을 '주석 캔(tin can)'이라 부르는 이유는 철로 만든 거의 모든 캔이 주석으로 도금되어 있기 때문이다.

주로 합금이나 도금의 용도로 인식되던 주석이 영양소로서 주목받게 된 것은 최근의 일이다. 주석은 토양 속에 포함되어 있어서 야채, 과일, 육류, 생선 등에 소량 함유되어 있으며, 이를 섭취한 사람에서도 발견된다. 주석은 인체에 아주 조금밖에 없으며 주로 부신선(副腎腺), 간, 뇌, 비장(脾臟), 갑상샘 등에서 발견된다.

그러나 아직 주석의 인체 내에서의 역할이나 필요량에 대해서는 잘 알려지지 않은 상태이다. 주석은 인체의 전반적인 건강과 성장에 관여하며, 암을 막는 기능이 있는 것으로 추정되고 있다. 동물실험에서는 주석이 결핍되면 성장이 부진하고, 헤모글로빈 합성이 잘 이루어지지 않으며, 청력(聽力)을 상실하는 등의 결과가 나타났다.

금속 주석과 주석의 무기물들은 섭취하여도 체내에 축적되지 않고 체외로 배출되기 때문에 일반적으로 안전한 것으로 여겨지고 있다. 그러나 일부 무기주석(無機朱錫)은 독성을 나타내며, 많은 양의 무기주석을 섭취하면 구토, 오심, 복통, 빈혈, 마비증세 등이 나타날 수 있고, 간이나 신장에 문제가 발생할 수도 있다.

주석은 유기물과 결합하여 유기화합물이 될 수 있으며, 이 중에는 독성이 매우 강한 것도 있다. 주석의 유기화합물은 코, 입, 피부를 통하여 흡수될 수 있으며, 인체에 미치는 영향은 명확히 밝혀지지 않았으나 피부와 안구의 자극, 호흡기 자극, 오심이나 구토 등의 위장관계 영향, 신경계 이상 등의 증상이 보고되고 있다.

통조림에 사용된 주석 캔 그 자체는 인체에 무해하나, 주석이 용출되어 식품 중의 어떤 성분과 반응하여 주석 화합물로 변하면 인체에 나쁜 영향을 끼칠 수도 있다. 따라서 캔 제품의 경우에는 법적 허용기준을 설정하여 규제하고 있으며, 우리나라의 경우 캔의 주석 용출 기준은 150ppm 이하로 되어 있다(단, 산성 통조림인 경우에는 200ppm 이하).

37
규소

규소는 지각 중에 산소 다음으로 많은 원소로서 약 28%를 차지한다. 자연계에서 단독으로는 존재하지 않고 암석의 주요 구성성분으로 되어 있다. 주로 규조토(硅藻土)나 모래, 석영, 화강암 등의 형태로 산출되며, 이들의 주성분은 이산화규소(SiO_2)이다. 이산화규소는 옛날부터 알려져 있었으며 '실리카(silica)'라고 하여 고대 이집트 시대부터 유리 제조의 원료로 사용되었다.

규소의 원소기호는 'Si'이고, 원자번호는 '14'이다. 원소주기율표에서는 탄소와 마찬가지로 제14족에 속하며, 탄소 바로 아래에 있다. 탄소와 같이 원자가전자(原子價電子, valence electron)가 네 개이어서 다양한 형태의 안정된 화합물을 구성할 수 있다.

규소가 이처럼 다양한 화합물을 구성할 수 있고, 지각에 두 번째로 많은 풍부한 원소임에도 불구하고 생명체를 이루는 기본 원소가 될 수 없었던 것은 그 원자량이 '28.09'로서 '12.01'인 탄소보다 매우 커서 녹는점, 끓는점 등이 지나치게 높으므로 생명체가 대사에 이용하기 어렵기 때문이다.

규소를 함유한 광물이 흔하게 널려있음에도 규소는 산소와 단단한 화합물을 형성하기 쉬워서 순수한 형태의 원소로 발견하는 데는 오랜 시간이 필요하였다. 1787년 프랑스의 화학자 라부아지에(Antoine Laurent Lavoisier)는 규소가 원소일 가능성을 의심하고 연구하였으나 당시의 기술로는 분리할 수 없었다.

1808년 영국의 데이비(Humphry Davy)는 전기분해 방법으로 규소를 얻으려고 시도하였으나 실패하였고, 1811년 프랑스의 게이뤼삭(Joseph Louis Gay-Lussac)과 테나르(Louis Jacques Thénard)는 칼륨과 4불화규소(SiF_4)를 가열하여 규소를 분리하려고 하였으나 불순물이 많아서 실패하였다.

1824년에 스웨덴의 베르셀리우스(Jöns Jacob Berzelius)가 게이뤼삭 등이 시도한 방법으로 무정형(無定形)의 순수한 규소를 분리하는 데 성공하여 최초의 발견자라는 명예를 차지하였다. 결정형의 규소는 그로부터 약 30년 후인 1854년에 프랑스의 앙리 에티엔 상트 클레어 데빌(Henri Étienne Sainte-Claire Deville)이 전기분해 방법으로 얻을 수 있었다.

1808년에 실리콘을 분리하는 데는 실패하였으나 데이비는 라틴어로 '부싯돌'을 뜻하는 'silicis'에 금속을 의미하는 어미 '-ium'를 붙여 '실리슘(silicium)'이라는 이름을 제안했다. 현재 대부분 언어에서 규소는 데이비가 제안한 이름에서 유래된 단어를 사용하고, 일부 언어에서는 라틴어에서 유래된 이름을 사용한다.

데이비는 금속이라고 생각하였으나 나중에 금속이 아닌 것으로 밝혀져 1817년 스코틀랜드의 화학자 토머스 톰슨(Thomas Thomson)이 비금속 원소를 뜻하는 어미 '-on'을 붙여서 '실리콘(silicon)'이라는 이름을 제안하였다. 이 이름은 IUPAC에서 인정한 공식 이름이 되었다. 대한화학회에서 정한 이름은 '규소'이며, 실리콘이란 명칭은 주로 전자산업 분야에서 사용되고 있다.

규소(硅素)는 일본어에서 온 것으로 규소를 뜻하는 네덜란드어 'keiaarde'의 앞 글자 '케이(kei)'를 같은 발음의 '케이(珪, けい)'로 음역하고, 원소를 나타내는 '素'를 붙여 '게이소(珪素)'라 한 것이다. 19세기 후반에 '게이소(硅素)'라는 표기가 등장하여 혼용하게 되었다. 일본에서는 '珪素'가 일반적인 데 비하여 우리나라에서는 '硅素'가 일반적이다.

실리콘은 반도체로서 전자산업 분야의 첨단소재로 이용되고 있다. 1950년대에는 게르마늄이 주요 반도체 소재였으나, 여러 응용 분야에서 부적당한 면이 발견되어 오늘날의 반도체 소재는 거의 모두 실리콘을 사용하고 있다. 따라서 미국의 '실리콘밸리(Silicon Valley)'로 대변되듯이 실리콘은 첨단기술의 상징처럼 되어 있다.

'실리콘(silicon)'과 발음은 같으나 의미가 다른 용어로 '실리콘(silicone)'이 있으며, 이는 실리콘과 산소로 이루어진 고분자화합물을 가리키는 것이다. 'silicone'은 천연적으로는 존재하지 않고 모두 인공적으로 합성된 것이며, 그 성상에 따라 크게 오일(oil), 고무(rub-

ber), 수지(resin) 등으로 구분되고, 여러 산업 분야에서 첨단소재로
사용되고 있다.

영양소로서 규소에 관심을 두게 된 것은 1972년 영국의 과학잡지
《네이처(Nature)》에 클라우스 슈바르츠(Klaus Schwarz) 등의 논문이
발표된 이후이다. 그들은 규소가 결핍된 쥐의 체중 증가가 지연되
는 것을 발견하고, 규소가 필수미네랄의 하나라고 주장하였다. 그
후 규소는 뼈를 비롯한 인체의 여러 조직에서 발견되었으며, 사람에
게도 필수적인 원소임이 밝혀졌다.

지금까지 알려진 규소의 기능은 주로 조직의 결속력을 강화하는
것이다. 규소는 뼈를 비롯하여 힘줄, 혈관, 피부, 치아, 손톱 등 주
로 강인함이 요구되는 조직에 많이 함유되어 있다. 규소는 뼈를 단
단하게 해주며, 콜라겐(collagen)의 결속을 도와 결합조직을 강화하
고, 혈관이 파열되는 것을 막고 탄력성을 높여준다.

그러나 지금까지 필수영양소로서의 규소에 관한 연구는 아는 것
보다 모르는 것이 더 많은 상태이며, 영양 소요량이나 섭취기준 등
도 설정되어 있지 않고, 밝혀진 독성도 없다. 이산화규소는 건조식
품의 포장재 안에 흡습제(실리카겔)로 첨가되기도 하고, 분유나 분말
커피 등의 가루로 된 식품이 습기를 흡수하여 뭉치는 것을 방지하
기 위해 첨가되기도 한다.

식품으로 섭취하는 이산화규소 등은 인체에 해가 없는 것으로
알려져 있으나, 호흡하여 폐로 직접 들어갈 때 해가 될 수도 있다.

주로 규소를 취급하는 작업장에서 근무하는 사람들에게 노출 위험이 있으며, 먼지에 붙어있는 이산화규소 등의 규소 화합물을 흡입하게 되면 기관지염이나 폐 질환이 발생할 수도 있다. 따라서 작업장의 노출 기준은 법으로 규제되고 있다.

규소는 식물이 토양에서 흡수하여 유기화합물로 변경함으로써 우리 몸에서 이용할 수 있는 형태가 되므로 동물성 식품보다는 주로 식물성 식품에 많이 포함되어 있다. 특히 섬유질이 많은 도정하지 않은 곡류, 채소류, 과일류, 해조류 등에 많다. 규소는 매우 흔하므로 결핍 증상이 나타나기가 어렵다.

규소가 부족하면 손톱이 갈라지고, 피부가 탄력을 잃으며, 머리카락이 빠지기 쉬워진다고 한다. 고령자의 뼈가 굽어지는 것도 규소 부족이 원인일 가능성이 있으며, 동맥경화가 진행되고 있는 혈관의 규소 함량은 정상 혈관에 비하여 매우 낮아 동맥경화에도 관련성이 있는 것으로 추정되고 있다.

38

코발트

코발트는 단단하고 자성(磁性)을 띤 은백색 금속원소로서 철이나 니켈과 외형이 비슷하다. 지각에서는 비교적 희귀한 금속이며, 주로 구리, 니켈 등 다른 금속과 결합한 화합물의 형태로 다양한 광석에서 산출된다. 코발트의 원소기호는 'Co'이고, 원자번호는 '27'이다.

짙푸른 바다색을 표현할 때 '코발트색'이라고 한다. 코발트가 푸른색의 상징이 된 건 '코발트블루(cobalt blue)'로 알려진 청색 안료(顔料) 때문이다. 고대 이집트, 페르시아, 중국 등에서 도자기나 유리 등에 청색을 내는 재료로 이용된 이 안료의 주성분은 산화알루미늄코발트($CoAl_2O_4$)이다.

오늘날에도 코발트는 잉크, 페인트 등의 원료로 이용되며, 내마모성과 고강도를 가지는 합금을 제조하거나 자석을 생산하는 데 사용되기도 한다. 코발트의 인공 방사성동위원소(放射性同位元素)인 코발트60(^{60}Co)은 방사선조사식품이나 방사선치료에 이용된다.

16세기경 독일에서는 이따금 코발트 광석이 출토되었는데, 은 광석과 비슷하여 착각을 주곤 하였다. 이 광석을 녹여 은을 분리하려고 하면 잘 녹지 않았고, 비소를 함유한 경우가 많아 제련하는 과정에서 독성이 매우 크고 휘발성이 큰 비소 산화물 증기가 발생하곤 하였다. 따라서 광부들은 이 광석을 '악귀', '귀신' 등의 의미가 있는 '코볼트'(Kobold)'라고 불렀다.

광부들 사이에서 위험하고 다루기 힘들어서 악귀가 붙어있다고 믿고, 미신적으로 사용하던 용어인 코볼트에서 독일어로 코발트를 의미하는 '코발트(kobalt)'란 단어가 생겼으며, 영어로는 '코발트(cobalt)'가 되었다. IUPAC에서 인정한 공식 명칭은 'cobalt'이며, 대한화학회에서 정한 공식 명칭은 '코발트'이다.

1735년 스웨덴의 화학자 게오르그 브란트(Georg Brandt)는 최초로 코발트를 분리하는 데 성공하고, 새로운 원소를 '반금속(semi-metal)'이라고 불렀다. 그러나 그 당시의 화학자들은 이를 새로운 원소로 인정하지 않았으며, 철과 비소의 화합물이거나 구리 화합물일 것으로 추측하였다.

코발트가 원소로 인정된 건 한참 후인 1780년 스웨덴의 화학자 토르베른 올로프 베리만(Torbern Olof Bergman)에 의해서였다. 코발트는 발견자가 알려진 최초의 금속이다. 철, 구리, 은, 금, 아연, 수은, 주석, 납 등 오래전부터 알려진 금속에는 기록된 발견자가 없다.

코발트는 모든 동물의 필수 미량영양소이며, 무기물 형태의 코발트는 박테리아, 조류, 곰팡이 등에서 미량 발견된다. 사람의 경우 코발트는 주로 간에 저장되어 있으며, 비타민B12의 중심적인 구성요소라는 점에서 영양학적인 의미가 있다. 비타민B12의 성분이 된다는 것 이외에 코발트의 인체 내에서의 역할에 대하여는 아직 확실히 밝혀진 것이 없다.

비타민B12는 분자구조 내에 코발트를 함유하고 있기 때문에 코발라민(cobalamin)이란 화학명으로 불리기도 한다. 비타민B12의 대표적인 기능은 세포의 DNA 합성, 조혈작용 등이며, 결핍 증상으로는 악성빈혈을 비롯하여 신경장애, 체중감소, 만성피로, 식욕부진 등이 나타난다.

사람은 이온 상태의 코발트를 흡수하지 못하고 비타민B12로만 섭취가 가능하므로 코발트의 공급원은 비타민B12의 공급원과 같다. 코발트의 적정섭취량 등은 설정되어 있지 않고, 통상적인 식사만으로도 결핍 증상이 나타나지 않으므로, 비타민B12의 권장섭취량을 지키는 것으로 충분하다.

식품 중에 포함된 코발트염 등의 무기물은 대부분 흡수되지 않고 그대로 배설되므로 부작용이 없고 과잉 섭취의 우려도 없으나, 코발트를 취급하는 작업장에 종사하는 사람의 경우는 문제가 될 수도 있다. 코발트를 흡입하면 호흡기 질환을 일으키고, 접촉할 때는 피부에 문제를 일으킨다.

코발트는 국제암연구기관(IARC)에서 발암의 가능성이 있는 'Group 2B'로 분류한 물질이며, 니켈과 크롬에 이어 접촉피부염의 주요 원인 물질이다. 코발트 과다에 의한 독성의 징후로는 피로, 설사, 가슴 두근거림, 손·발가락의 마비나 저림 등이 나타난다.

바나듐

바나듐은 지각에 비교적 풍부한 원소이며, 구리보다도 더 많다. 그러나 금속 자체로 존재하는 경우는 거의 없고 주로 60종류 이상의 광물 형태로 존재한다. 석탄이나 석유 등 화석연료 내에 포함되어 있기도 하고, 미량이지만 토양을 비롯하여 강, 바다, 대기 등 어느 곳에나 존재한다.

산업적으로는 주로 합금의 제조에 사용되며, 세계적으로 생산된 바나듐의 약 85%가 바나듐철(ferrovanadium)이나 강철의 첨가제로써 사용된다. 일본, 미국 등에서는 혈당 강하와 당뇨 예방의 효능이 있다고 하여 건강보조제로서 판매되고 있으며, 우리나라에도 바나듐을 함유한 미네랄워터 등이 판매되고 있다.

2007년에 '제주삼다수'로 유명한 제주개발공사에서 '바나듐삼다수'를 개발하였다고 발표하여 이목을 끌기도 하였다. 바나듐삼다수는 역삼투기술(逆滲透技術)을 이용하여 지하수 중에 미량 존재하는 바나듐을 고농도로 농축한 제품이다. 현재 바나듐삼다수는 시판되고 있지 않으나, 제주삼다수의 홍보물에는 건강에 좋은 바나듐이 함유되어 있다는 것을 강조하고 있다.

바나듐은 비교적 풍부한 원소이지만 제련하기가 어려워 19세기 초에야 겨우 발견되었다. 최초의 발견자는 1801년 스페인의 광물학자인 안드레스 마누엘 델 리오(Andrés Manuel del Río)였다. 그는 오늘날 바나디나이트(vanadinite)라고 알려진 적갈색 광물을 조사하다가 새로운 원소의 존재를 알아냈다.

리오는 화합물의 색이 다채로워서 그리스어로 '모든'이란 의미의 'pan'과 '색'을 뜻하는 'kroma'에서 따와 새로운 원소를 '판크로뮴(panchromium)'이라고 하였다. 그런데 화합물 대부분이 가열 시 적갈색으로 변하는 것을 보며, '붉은색'이라는 의미의 그리스어 'erythron'에서 따와 '에리트로늄(erythronium)'으로 변경하였다.

그러나 리오는 1805년 프랑스의 화학자인 히폴리테 빅터 콜레 데스코틸스(Hippolyte-Victor Collet-Descotils)가 "이것은 새로운 원소가 아니라 크롬의 불순물이다."라고 이의를 제기하자, 그 주장을 받아들여 새로운 원소라는 그의 발표를 철회하여 최초의 발견자라는 명예를 놓치고 말았다.

그 후 1830년에 스웨덴의 닐스 가브리엘 세프스트룀(Nils Gabriel Sefström)이 다시 발견하였고, 이 원소의 화합물이 여러 가지 아름다운 색깔을 보이므로 고대 스칸디나비아 '미(美)의 여신'인 '바나디스(Vanadis)'의 이름에서 따와 '바나듐(vanadium)'이라고 불렀으며,

최초의 발견자라는 영광을 누리게 되었다.

다음 해인 1831년 독일의 화학자 프리드리히 뵐러(Friedrich Wöhler)는 리오의 에리트로늄과 세프스트룀의 바나듐이 동일한 원소임을 확인하였다. 1867년 영국 화학자 헨리 엔필드 로스코(Henry Enfield Roscoe)는 순수한 금속 바나듐을 얻는 데 성공하였다. 바나듐의 원소기호는 'V'이고, 원자번호는 '23'이며, IUPAC 및 대한화학회의 공식 명칭은 '바나듐(vanadium)'이다.

바나듐은 성인의 신체에 약 0.1㎎ 정도 포함된 미량미네랄이다. 바나듐이 필수미네랄로서 인식되기 시작한 것은 아주 최근의 일로서, 1977년경 바나듐이 아데노신3인산(ATP, adenosine triphosphate) 분해효소의 저해제로서 작용한다는 것이 알려지면서부터이다.

그 후 바나듐이 인슐린(insulin)과 비슷한 작용을 하여 인슐린 저항성 당뇨병 환자의 치료에 이용될 수 있다는 것이 보고되었고, 쥐를 대상으로 한 실험에서 바나듐이 함유된 음료수를 투여하였더니 당뇨병 쥐의 혈당치가 정상으로 회복되었다는 연구 결과도 나왔다.

그 외에도 바나듐은 건강한 뼈와 치아의 형성에 필요하고, 콜레스테롤의 합성을 저해하여 동맥경화를 예방하며, 세포 대사의 필수 성분으로서 성장과 생식에 관여하는 등 여러 기능이 있는 것으로 알려졌다. 그러나 바나듐에 관한 연구는 아직 미진한 것이 많으며, 그 기능들도 확실히 증명되지 않은 상태이다.

바나듐은 곡물, 해산물, 육류, 유가공품 등에는 비교적 많이 들어

있고, 과일 및 채소에는 상대적으로 적게 포함되어 있다. 특히 멍게, 갑각류 등의 해양 생물과 일부 버섯들에는 많은 양의 바나듐이 들어 있다. 식품으로 섭취한 바나듐의 흡수율은 1~2% 정도로 매우 낮은 것으로 알려져 있다.

바나듐은 필요한 양이 어느 정도인지 밝혀지지 않아 권장섭취량도 설정되어 있지 않으며, 독성에 대한 자료도 부족하여 상한섭취량도 정해지지 않았다. 사람은 매일 식품으로 바나듐을 20~40㎍ 정도 섭취하는 것으로 추정되며, 일반적인 사람의 경우 통상적인 식사를 할 때 결핍이나 과잉증상은 나타나지 않는다.

바나듐은 원소 자체보다는 화합물들이 대체로 독성이 있는데, 주로 바나듐이 들어있는 금속을 가공하는 과정에서 먼지로 흡입되어 호흡기 계통에 이상 증세를 가져온다. 급성독성으로는 호흡곤란, 두통, 비염, 결막염, 기관지염 등이 있으며, 만성독성으로는 기관지염, 비염, 폐 경화, 간 기능 저하 등이 보고되었다.

40
미네랄 후보

일반적으로 알려진 필수미네랄 외에도 인체에서 발견되어서 어떤 작용을 하는 것으로 여겨지거나, 포유류나 조류와 같은 고등동물을 비롯하여 박테리아와 같은 미생물에서 필수적인 역할을 하는 원소들이 있다. 이런 원소들은 아직 사람에게 필수적이라는 확증이 없어서 미네랄로 분류하지는 않고 있다.

이런 원소들의 역할을 실험하는 데 있어서의 가장 큰 어려움은 인체 내에서 발견되는 양이 아주 미량이라는 점이다. 따라서 실험을 재현하기 어려워 효능을 증명하기가 쉽지 않다. 하지만 분석 기술이 발달하면 현재로서는 할 수 없는 실험이 가능하게 될 것이며, 그 필요성이 증명되는 것도 나올 수 있을 것이다. 대표적인 미네랄 후보로는 다음과 같은 것들이 있다.

● 루비듐(rubidium): 루비듐의 원소기호는 'Rb'이고, 원자번호는 '37'이다. 원소주기율표에서 나트륨(Na), 칼륨(K) 등과 마찬가지로 1족에 속하는 알

칼리 금속의 하나이다. 이름이 생소하여 희귀 원소로 여겨질 수도 있으나, 지각에서 아연이나 구리만큼 풍부한 원소이다.

루비듐은 나트륨과 칼륨처럼 물에 용해되면 '+1'의 산화 상태를 가진다. 인체는 루비듐이온(Rb^+)을 칼륨이온(K^+)인 것처럼 취급하는 경향이 있으며, 따라서 신체의 세포 내에 루비듐을 농축한다. 루비듐의 반감기는 31~46시간 정도이며, 비교적 빠르게 체외로 배출되어 특별한 생체 독성은 나타내지 않는다.

그러나 과량으로 섭취하면 위험할 수도 있다. 쥐를 이용한 시험에서 근육조직의 칼륨이온을 50% 이상 루비듐이온으로 대체하였을 때 쥐가 죽었다는 보고가 있다. 루비듐은 조울증이나 우울증과도 관련이 있는 것으로 보인다. 우울증 환자에게 염화루비듐(RbCl)을 투여하였을 때 도움이 되었다는 시험 결과도 있다.

● 브롬(brom): 브롬의 원소기호는 'Br'이고, 원자번호는 '35'이다. 우리나라에서는 일반적으로 독일어인 '브롬(Brom)'을 사용하고 있으나, IUPAC 및 대한과학회에서 정한 공식 이름은 '브로민(bromine)'이다. 국립국어원에서는 브롬과 브로민을 모두 표준어로 인정하고 있다.

1857년에 영국의 의사 찰스 로콕(Charles Locock)은 저명한 의학 학술지인 《The Lancet》에 월경 중 간질 발작으로 고통받는 여성 환자에게 브롬화칼륨(KBr)을 처방하여 치료에 성공했다는 발표를 하였다. 그 이후 한동안 브롬화칼륨이 간질 치료제로 사용되었으나, 부작용이 있어서 현재는 다른 약물로 대체되었다.

콜라겐은 20가지가 넘는 유형이 있으며, 그중에서 'IV형 콜라겐'은 주로 상피조직의 기저막(基底膜)에 분포하며, 평면적인 그물망 모양의 네트워크를 형성하여 기저막의 구조를 지탱한다. 브롬은 'IV형 콜라겐'의 생합성에 필요한 보조인자로 작용하는 것으로 추정된다.

인체의 면역계에서 백혈구의 한 종류인 호산구(好酸球, eosinophil)는 과산화수소(H_2O_2)와 염소이온(Cl^-)이 존재할 때 선충(線蟲) 등의 다세포 기생충이나 몇몇 박테리아를 죽이는 강력한 수단을 제공한다. 이때 브로민화이온(Br^-)은 염소이온(Cl^-)을 대체하여 이용될 수 있다.

브로민화이온은 상대적으로 독성이 크지 않으며, 일일 섭취허용량은 2~8mg 정도로 추정된다. 과도한 브로민화이온의 섭취는 신경 세포막에 만성적인 손상을 주며, 이는 점진적으로 신경 전달을 차단하는 브롬중독(bromism)을 유발한다. 브롬중독의 증상은 졸림, 발작, 정신착란 등이며, 브롬중독으로 인한 사망은 드물다.

그러나 원소 상태의 브롬(Br_2)은 독성이 강하고 피부에 닿으면 화학적 화상을 일으키므로 매우 위험한 물질로 분류된다. 흡입하면 기도에 자극을 주어 기침, 질식 및 호흡곤란을 일으키고, 많은 양을 흡입하면 사망에 이르게 한다. 만성 노출은 기관지와 폐를 손상할 수 있다.

● 니켈(nickel): 니켈의 원소기호는 'Ni'이고, 원자번호 '28'이다. 니켈은 지구를 구성하는 원소 중에서 5번째로 많지만, 주로 철과 함께 지구의 내핵(內核)에 존재하여 지각에서는 소량만 발견된다. 니켈은 단단한 은백색의 금속으로 스테인리스스틸을 만들거나 부식 방지용 도금에 주로 사용된다.

니켈의 생물학적 역할은 1970년대에 알려지기 시작하였다. 요소(尿素, urea)의 가수분해를 촉진하는 유리에이스(urease)에는 니켈이 포함되어 있으며 식물, 세균, 고세균(古細菌) 및 곰팡이 등 여러 생명체에서 발견되어 이들의 생명 활동에서 중요한 역할을 하는 것으로 여겨진다.

유리에이스 외에도 니켈을 포함하는 여러 효소가 장내세균을 비롯한 박테리아에서 발견되었다. 양성자를 환원시켜 수소로 전환하는 수소화효소(hydrogenase), 일산화탄소(CO)를 이산화탄소(CO_2)로 산화시키는 반응에 관여하는 탈수소화효소(dehydrogenase) 등이 그 예이다.

동물실험에서 니켈 결핍은 염소, 돼지, 양 등에서 성장 부진이 발생하고, 쥐에서 갑상샘호르몬 농도의 감소로 나타났다. 아직 인간에게 필수적인 영양소임을 확인하지는 못하였으나 니켈은 가수분해, 산화환원반응 및 유전자 발현에 관여하는 특정 효소의 구조적 성분일 가능성이 있다.

우리가 일상적으로 먹는 음식 중에 니켈이 포함되어 있으므로 보통 하루에 70~100μg 정도는 섭취하고 있는 것으로 추정된다. 그러나 니켈의 흡수율은 10% 미만으로 추정되며, 흡수된 니켈도 대부분은 신장에서 걸러져 소변을 통해 배출되므로 인간의 건강에 위협이 되지는 않는다.

그러나 니켈의 화합물에 관한 동물실험 결과는 건강에 나쁜 영향을 주는 것으로 나타났다. 니켈 화합물을 흡입한 설치류는 폐에 염증이 증가하였으며, 수용성 니켈염을 입으로 섭취한 쥐는 출산전후사망률을 높이는 효과를 유발하였다. 이러한 효과가 인간에도 관련이 있는지는 불분명하다.

여러 가지 니켈의 화합물이 사람에게 암을 유발하는 것으로 알려져 있다. 그중에서 특히 아황화니켈(nickel subsulfide, Ni_3S_2)이 위험하며, 니켈 제련 작업장의 종사자와 같이 접촉할 기회가 많은 사람의 건강에 위험 요소이다. 이런 작업장의 작업환경은 법으로 규제되고 있다.

니켈은 전 세계적으로 확인된 피부접촉 알레르기의 원인 물질이며, 민감한 사람에게는 접촉 알레르기가 나타날 수 있다. 이런 현상이 가장 자주 나타나는 것은 귀걸이 등의 피어싱(piercing)에 니켈 장신구를 사용할 때이다. 매우 민감한 사람은 니켈 함량이 높은 음식에 반응할 수도 있다.

● 스트론튬(strontium): 스트론튬의 원소기호는 'Sr'이고, 원자번호 '38'이다. 스트론튬은 엷은 노란색을 띠는 은백색의 금속이며, 지각에는 15번째로 많이 존재한다. 주기율표에서는 마그네슘, 칼슘 등과 같은 2족에 속하며, 칼슘과 전자배치와 크기가 비슷하다.

스트론튬은 칼슘과의 화학적 유사성 때문에 칼슘 대신 뼈와 치아에 흡수되기도 한다. 1950년대부터 인체 건강에 대한 스트론튬의 유익성이 연구되기 시작하였다. 스트론튬은 뼈 성장을 촉진하고 골밀도를 증가시키므로, 스트론튬 화합물들이 영양보조제와 골다공증 치료제로 사용되기도 한다.

그러나 영양보조제로 사용되는 스트론튬 화합물의 효과에 대해 부정적인 견해도 있으며, 심혈관 질환의 위험성을 증가시킨다는 보고도 있다. 또한 스트론튬은 성장기 아동의 경우 골격의 성장 장애를 발생시킬 수도 있고, 과잉 섭취 시에는 구루병의 원인이 되기도 한다.

천연의 스트론튬에는 ^{84}Sr, ^{86}Sr, ^{87}Sr, ^{88}Sr 등의 동위원소가 있으며, 이 중에서 ^{88}Sr이 80% 이상을 차지한다. 천연 상태의 스트론튬은 방사성 원소가 아니며, 칼슘보다 반응성이 크기는 하나 크게 위험하지 않다. 이에 비하여 인공적으로 합성된 스트론튬의 동위원소는 방사성이 있으며 인체에 유해하다.

스트론튬의 인공 동위원소는 매우 많으며, 그중에서 ^{89}Sr과 ^{90}Sr이 잘 알려져 있다. ^{89}Sr의 경우 방사능에 의한 여러 건강상의 문제를 야기할 수 있으나, 반감기가 50.6일 정도로 짧아서 그 위험성은 크지 않다. ^{89}Sr은 칼슘과 화학적으로 유사하여 뼈에 쉽게 흡수될 수 있기 때문에 골수암의 치료에 사용되기도 한다.

^{90}Sr은 우라늄이나 플루토늄의 핵분열에 의해 생성되며, 반감기는 28.9년 정도로 긴 편이다. 핵 실험이나 원자력발전소 사고 때 넓은 지역으로 퍼져 주민들에게 백혈병이나 암을 발생시키기도 하는 위험한 방사성 원소이다. 1986년의 체르노빌 원자력발전소 사고 때에는 약 30,000 ㎢를 오염시켰다.

● 리튬(lithium): 리튬의 원소기호는 'Li'이고, 원자번호는 '3'으로서 가장 가벼운 금속원소다. 리튬은 칼로 자를 수 있을 정도로 무르며, 물과 접촉 시에는 격렬한 화학반응을 일으킨다. 리튬은 가벼운 특징이 있어서 전기자동차와 모바일기기용 리튬이온배터리를 만드는 데 주로 사용된다.

리튬은 플랑크톤, 식물, 동물 등 거의 모든 생명체에서 미량으로 발견되며, 해양 생물은 지상 생물보다 더 많이 축적하는 경향이 있다. 여러 생명체에서 발견되어 생명 유지에 필요한 것으로 짐작되나 리튬이 생명체 내에서 어떤 생리적인 역할을 하는지는 밝혀지지 않았다.

리튬은 조울증과 같은 정신질환의 치료에 기분안정제 및 항우울제로 유용한 것으로 보고되었고, 두통 치료에 대한 가능성도 제기되었다. 독성과 관련하여서도 충분한 연구가 되어있지 않다. 리튬 화합물을 호흡하면 처음에는 코와 인후를 자극하고, 장기간 노출되면 폐부종(肺浮腫)으로 이어질 수 있다고 한다.

41
중금속

중금속(重金屬, heavy metal)은 이름 그대로 무거운 금속이며, 일반적으로 밀도(密度, density), 원자량, 원자번호 등이 상대적으로 높은 금속을 말한다. 일반인들은 물론이고 학술적으로도 많이 사용되고 있는 용어이나 정확한 정의가 없고, 관련 분야에 따라 내용이 달라서 혼란을 주는 용어이기도 하다.

예를 들어 야금(冶金) 분야에서는 밀도에 기초하여 정의하고, 물리학에서는 원자량이나 원자번호를 기준으로 구분하며, 화학에서는 화학적 작용에 중점을 둔다. 밀도에 따라 구분할 때도 일반적으로 5g/㎤ 이상일 경우를 중금속으로 보지만, 밀도 4g/㎤ 이상의 금속으로 정의하는 경우도 있다.

의학의 경우에는 다른 분야와 중금속의 정의가 매우 다르다. 의학에서 말하는 '중금속 중독'에는 일반적으로 중금속으로 분류하지 않는 철, 망간, 알루미늄, 베릴륨 등에 의한 중독도 포함된다. 폴로늄, 라듐, 악티늄, 우라늄, 플루토늄 등의 중금속은 '방사성 금속

(radioactive metal)'이라고 별도로 취급한다.

식품 분야에서 말하는 중금속은 일반적으로 인체 내로 흡수되었을 때 잘 배출되지 않고 잔류하여 만성적으로 인체에 유해한 작용을 하는 금속류를 의미한다. 흡수 경로도 주로 입을 통한 섭취에 중점을 두며, 호흡이나 피부접촉 또는 방사선 노출에 의한 영향은 예외로 한다.

중금속이라고 모두 나쁘기만 한 것은 아니다. 구리, 몰리브덴, 셀레늄 등의 중금속은 인체의 생리작용에 꼭 필요한 필수미네랄로 인정받고 있다. 특히 셀레늄은 1950년대 이전까지는 독성물질로 취급받았으나, 그 후의 연구에 의해 인체에 꼭 필요한 미네랄로 밝혀졌다.

그러나 이런 중금속 역시 미량일 때에는 필수미네랄로 작용하나, 지나치게 과잉으로 섭취하면 독성을 나타내게 된다. 필수미네랄이냐 독성 중금속이냐를 구분하는 것은 섭취량의 문제일 뿐이다. 이런 의미에서 현재는 독성물질로 취급받는 납, 수은 등의 중금속도 분석 기술이 발전하고, 연구가 진척되면 아주 극미량일 경우 인체에 유익한 작용을 한다는 사실이 밝혀질 수도 있다.

식품에서 중금속이 문제가 되어 주목받기 시작한 것은 1940년대 이후의 일이다. 일본에서 1947년에 카드뮴이 원인이 되어 발생한 이타이이타이병(いたいいたい病, itai-itai disease)과 1956년에 발생한 수은 중독으로 인한 미나마타병(みなまた病, Minamata disease)이 대표적인 사례이다.

이타이이타이병은 일본 도야마현(富山県, とやまけん)의 진즈천(神通川, じんずうがわ) 하류에 위치한 마을에서 일어난 카드뮴 중독에 의한 질병이다. 일본어로 '이타이(痛い, いたい)'란 '아프다'라는 의미이며, 작은 충격에도 뼈가 부러져 통증을 호소하므로 이런 병명을 얻게 되었다.

이 지역 주민들에게 이런 증상이 나타난 원인은 진즈가와(神通川) 상류의 광산에서 다량의 카드뮴이 포함된 폐수를 버렸으며, 이 강물을 이용하여 벼를 재배한 주민들이 오랫동안 카드뮴이 농축된 쌀을 먹고 중독을 일으키게 된 것이다. 그 결과 1947년에 처음 발생하여 1965년까지 100여 명이 사망하였다.

미나마타병은 일본 구마모토현(熊本県, くまもとけん)의 미나마타시(水俣市, みなまたし)에서 발생하여 이런 명칭을 얻게 되었다. 당시 인근에 있는 화학회사에서 수은이 함유된 공장폐수를 바다에 방류하였고, 오염된 조개와 어류를 먹은 주민들이 수은 중독에 걸려 1989년까지 938명이 사망하는 사고가 발생하였다.

식품첨가물이나 잔류농약 등은 인위적으로 첨가한 것이 식품 중에 남아있어서 문제가 되지만, 중금속은 물, 공기, 토양 등 생물체의 생활환경에 미량이지만 포함되어 있어서 어쩔 수 없이 식품 중에도 들어있을 수밖에 없다. 이는 주변 환경이 중금속에 오염되어 있을수록 그 피해가 커지게 된다.

화산의 폭발과 같은 자연재해로 인하여 환경이 오염되는 때도 있으나 대부분은 인간에 의해 오염되게 된다. 인간에 의한 오염의 예를 보면 광업과 화학업의 폐기물, 건설 및 철거 폐기물, 전자제품 폐기물, 차량의 배기가스, 노후화된 급수 인프라, 비료, 살충제, 페인트, 염료 등 이루 헤아릴 수 없을 정도로 많다.

아무것도 먹지 않고는 살 수 없으며 대부분의 식품이 미량이나마 중금속에 오염되어 있어서 중금속을 전혀 섭취하지 않을 수는 없는 것이 현실이다. 그러나 특별히 다량의 중금속이 함유된 식품을 먹는 경우가 아니라면 건강상에 문제가 되지는 않는다.

1940~1960년대에 주로 발생하였던 중금속 오염 사고는 중금속을 미처 몰랐기 때문이며, 최근에는 환경에 대한 감시와 사전 검사에 의해 중금속에 의한 식품 오염 사고는 거의 일어나지 않고 있다. 그러나 환경오염을 방지하려고 노력하지 않으면 언제까지나 안심할 수는 없을 것이다. 대표적인 유해 중금속에는 다음과 같은 것들이 있다.

● 납(lead): 납의 원소기호는 'Pb'이고, 원자번호는 '82'이며, 원자량은 '207.19'로서 대표적인 중금속이다. 원소기호인 Pb는 라틴어로 납을 의미하는 '플룸붐(plumbum)'에서 따온 것이다. 납을 뜻하는 'lead'의 발음은 '레드[led]'이며, 동사로 '안내하다'나 명사로 '선두' 등의 뜻이 있는 '리드[liːd]'와 구분된다. 납을 한자로 적을 때에는 '鉛(연)'이라고 한다.

납과 그 화합물들은 미량이지만 자연계에 널리 분포되어 있으므로 식품을 통하여 우리 몸에 들어오게 된다. 납은 토양에 축적되면 수백 년에서 수천 년 동안 남아있으며, 식물에 흡수되어 동물의 먹이가 되고, 인간은 동식물을 음식으로 섭취하여 인체 내에 납을 축적하게 된다.

납은 금속 중에서는 녹는점이 낮고 무르므로 가공하기가 쉬우며, 잘 부식하지 않아서 예로부터 수도관, 화장품, 페인트, 합금 등에 널리 사용되었다. 납의 위험성은 19세기 후반부터 제기되었으나, 납은 비교적 저렴한 가격의 소재이기 때문에 후진국을 중심으로 위험성을 무시하고 계속 사용되었다.

20세기에 들어 납중독의 폐해에 관한 여러 연구가 진행되었고, 그를 반영하여 선진국들을 중심으로 납의 사용을 제한하거나 억제하는 정책들을 펴게 되어 납중독 사고를 크게 줄일 수 있게 되었다. 그러나 납은 아직도 산업현장에서 많이 사용되고 있으며, 환경오염 물질 중 대표적인 중금속이다.

한 역학조사에 따르면 1960년대 미국에서 약 5만 명의 어린이가 납중독으로 사망하였으며, 주된 원인은 건축물 내외에 사용된 납이 포함된 페인트 때문이었다고 한다. 1980년대부터 납이 들어간 페인트는 건물의 내부에 사용하지 못하도록 규제하기 시작하였으며, 어린이용 장난감에도 사용하지 못하게 하였다.

요즘은 환경오염을 이유로 우리나라를 비롯하여 대부분의 나라에서 납 성분이 들어있지 않은 무연(無鉛) 휘발유가 사용되고 있으나, 1990년대까지도 납을 포함한 휘발유가 사용되었다. 휘발유에 납이 들어간 것은 1921년부터였으며, 엔진의 노킹(knocking) 현상을 방지하기 위하여 첨가하였다.

오늘날까지도 납은 산업현장에서 많이 사용되고 있으며, 전자제품에 쓰이는 납땜이나 자동차용 배터리로 쓰이는 납축전지 등이 그 예이다. 이들 제품이 제대로 재활용되지 않으면 결국 환경을 오염시키게 된다. 납중독은 전 세계적인 문제이며, 인체에 흡수된 납은 뼈와 치아를 비롯하여 간, 신장, 근육, 신경 등의 신체조직에 축적되어 기능장애를 일으킨다.

납중독의 증상은 다양하며, 개인에 따라 차이가 있다. 납중독 초기에는 우울증, 불쾌감, 피로, 식욕부진, 체중감소, 소화불량, 구역질, 설사, 변비, 두통, 복통, 근육통, 사지의 따끔거림, 근력저하 등이 나타난다. 때로는 입맛과 성격이 변하고, 성욕 저하 및 수면 문제를 일으킬 수도 있다.

납중독이 더욱 진행되어 만성중독이 되면 얼굴빛이 창백해지고, 잇몸에 파란색 착색이 생기는 버튼 라인(Burton's line), 단기기억이나 집중력 손실, 시력 저하, 근육마비, 신장병(腎臟病), 소화기 장애, 심장질환 등이 나타난다. 특히 중년과 노인에게 빈혈이 발생하고, 임산부의 경우 유산의 원인이 될 수도 있다.

납중독이 심할 때는 뇌손상을 일으키게 된다. 뇌 손상은 어른에게도 발생하지만 주로 뇌가 성장하고 발달하는 시기인 어린이에게 잘 일어난다. 뇌 손상이 오면 실명하거나 귀머거리가 되며, 정신이상을 일으켜 발작하거나 혼수상태에 빠져 사망에 이르기도 한다.

어린이의 경우 납중독이 되면 말하기와 단어의 사용과 같은 정상적인 행동이 느리게 발달하고, 영구적인 지적장애가 올 수도 있다. 학습 능력이 저하되고, 놀이를 거부하거나 행동 과잉증 또는 폭력적인 행동 이상을 보이기도 한다. 유아기에 납에 중독되면 유년기에 수면장애 및 과도한 낮 시간 졸음이 나타날 수 있다.

● 수은(mercury): 수은의 원소기호는 'Hg'이고, 원자번호는 '80'이며, 원자량은 '200.59'이다. 원소기호인 Hg는 수은을 뜻하는 라틴어 '하이드라저럼

(hydrargyrum)'에서 따왔다. 이는 '물'을 뜻하는 'hydror'와 '은'을 뜻하는 'agyros'의 복합어 'hydrargyros'가 변한 형태이다.

우리말 수은은 한자로 '水銀(수은)'이라고 표기하며, 이것 역시 '물(水)'과 '은(銀)'이 합쳐진 말이다. '머큐리(mercury)'라는 영어식 이름은 옛날 연금술사들이 수은을 '빠르게 흐르는 은'이라고 생각하여 붙인 이름이다. 수은을 영어로 'quicksilver'라고도 하는데, 이것 역시 '빠르게 움직이는 은'이라는 뜻이다.

'mercury'라는 이름은 로마 신화에서 매우 빨리 이동할 수 있어서 신들의 전령사 역할을 하기도 하는 장사와 상업의 신인 메르쿠리우스(Mercurius)의 이름에서 유래되었으며, 원래 행성 중에서 공전주기가 가장 빠른 수성(水星)에 붙여졌던 이름이다. 수성에서 따온 'mercury'는 IUPAC에서 인정한 수은의 공식 명칭이다.

수은은 유일하게 실온에서 액체 상태인 금속이며, 마치 물이 소금을 녹이듯이 각종 금속원소를 쉽게 용해하는 특징이 있다. 이런 특징 때문에 여러 금속과 쉽게 혼합물을 만들며, 수은과 금속의 합금을 아말감(amalgam)이라고 부른다. 대표적인 아말감으로는 치과용 충전재로 사용되는 은과 수은의 합금이 있다.

수은은 양이 많지는 않으나 자연 상태에서 원소 및 화합물의 형태로 흔하게 발견되어 예로부터 널리 알려졌으며, 중세에는 연금술의 주요 소재로 사용되었다. 현재에도 온도계, 혈압계, 수은등, 형광등, 수은전지, 살충제, 페인트, 치과용 아말감, 상처 소독제인 머큐로크롬(mercurochrome) 등 다양하게 활용되고 있다.

수은은 과거의 기록에 여러 중독증상의 징후가 있으나, 당시에는 그것이 수은 때문에 발생한 것인지 몰랐다. 중국의 진시황은 수은과 황의 화합물인 진사(辰沙, HgS)로 만든 약을 불로장생의 묘약으로 알고 복용하기도 하였다. 진시황이 49세의 비교적 젊은 나이에 사망한 것도 이 약에 의한 수은 중독으로 추정되고 있다.

수은은 금속, 증기, 화합물 등의 형태로 흡수되며, 수은 중독의 증상은 노출의 유형, 복용량, 방법 및 기간에 따라 달라진다. 대부분은 호흡을 통하여 흡수되며, 순환계통에 들어가 몸 전체에 퍼지게 된다. 입을 통한 흡수나 피부접촉에 의한 흡수는 상대적으로 덜 발생한다.

입을 통한 경우에도 금속 수은은 흡수되기 어렵고, 독성도 없다. 우발적으로 삼키더라도 혈관을 물리적으로 차단하여 손상을 입히기는 하지만 독성이 나타나지 않는다. 그러나 수은의 화합물인 경우는 흡수되어 독성을 나타내며, 대표적인 것이 염화메틸수은(CH_3HgCl)이다.

전 세계적으로 수은 중독의 위험성을 알리는 계기가 된 사건은 1956년 일본에서 발생한 미나마타병이다. 수은이 함유된 공장폐수가 바다에 유입되어 염화메틸수은으로 변하여 어패류에 축적되었고, 이를 섭취한 주민에게 중독 증상이 나타났다. 1970년대에는 중국의 쑹화강(松花江) 유역에서, 그리고 1990년대에는 남미의 아마존강 유역에서 발생하기도 하였다.

바다 생태계에서 먹이가 되는 생물의 체내에 있던 중금속, 미세 플라스틱 등은 포식자의 체내에 누적되게 되며, 결국 먹이사슬에서 높은 위치에 있는 상어, 참치, 황새치, 고등어, 옥돔 등의 생선에는 고농도로 축적된다. 이런 과정을 생물농축(biomagnification)이라고 한다.

수은은 호수, 민물, 바다, 토양 및 대기 등에 미량 포함되어 있으며, 식물과 플랑크톤 등에 흡수된다. 이는 가축과 어류의 먹이가 되며, 먹이사슬의 최상위에 있는 인간은 더 높은 농도의 수은을 섭취하게 된다. 섭취에 의한 수은 노출은 농축산물보다는 주로 어류 소비가 주요인이다.

수은 중독은 수은 및 수은화합물에 대한 노출을 제거하거나 줄임으로써 예방하거나 최소화할 수 있다. 환경을 오염시키는 인간의 대표적인 활동은 금의 채굴과 석탄을 태우는 화력발전소와 공장에서 배출되는 가스이다. 이에 따라 2013년에 수은 배출을 방지하는 '미나마타 협약(Minamata Convention)'이 채택되었으며, 우리나라를 비롯하여 대부분 국가가 협약에 서명했다.

수은에 중독되면 주로 신경계에 이상이 생겨 초기에는 불안감, 환각, 손발을 비롯하여 눈꺼풀, 입술 등의 떨림, 근력저하, 인지능력 장애, 기억력 감소, 시력 및 청력 등의 감각장애, 수면장애 등이 나타나며, 가슴의 통증이나 기침, 폐의 기능장애 등 호흡계와 관련된 증상을 동반하기도 한다.

중독이 더욱 진행되면 언어장애, 운동장애, 사지마비, 불면증, 기억상실, 정서적 불안정(과민성, 과도한 수줍음, 자신감 상실 및 신경과민), 신경 근육 변화(약화, 근육 위축, 근육경련), 다발신경병증 등이 나타나고, 심하면 뇌 기능 손상 등으로 사망할 수도 있다.

● 카드뮴(cadmium): 카드뮴의 원소기호는 'Cd'이고, 원자번호는 '48'이며, 원자량은 '112.41'이다. 카드뮴은 푸른색을 띠는 은백색 금속으로, 칼로 자를 수 있을 정도로 무르며 연성(軟性)과 전성(展性)이 좋다. 주기율표에서는 아연, 수은 등과 함께 12족(2B족)에 속하는 금속이다.

카드뮴은 비교적 희귀한 원소이며, 독일의 화학자인 프리드리히 슈트

로마이어(Friedrich Stromeyer)에 의해 1817년에 발견되었다. 카드뮴은 20세기 이후에 이용하게 되었으며, 이때부터 카드뮴에 의한 환경오염이 시작되었다. 카드뮴은 주로 충전식 니켈카드뮴 배터리에 사용된다.

1947년 일본에서 발생한 이타이이타이병은 카드뮴 등의 중금속에 대한 경각심을 높이는 계기가 되었다. 1950년대와 1960년대에는 카드뮴에 대한 산업적 노출이 높았지만, 카드뮴의 독성이 명백해지면서 대부분의 선진국에서는 카드뮴에 대한 산업적 제한이 강화되어 그 위험이 많이 감소하였다.

카드뮴은 아연과 같은 족에 속하여 비슷한 화학적 특징을 가지고 있으며, 아연이 결핍된 환경에서 서식하는 일부 해양 규조류(硅藻類, diatom)에서는 아연을 대신하여 탄산무수화효소(炭酸無水化酵素)의 작용에 관여하는 것이 발견되기도 하였으나, 인간을 비롯한 고등생물에서는 유익한 생물학적 역할이 발견되지 않았다.

사람의 경우 카드뮴은 아연이 들어있는 효소에서 아연을 대체함으로써 이들 효소의 기능을 저해하며, 칼슘과 마그네슘을 필요로 하는 생체 내 과정도 방해하는 것으로 여겨진다. 또한 시스테인(cysteine)의 싸이올기(-SH기)에 결합되어 싸이올기를 갖는 효소의 기능을 방해한다.

카드뮴은 매우 독성이 강하여 국제암연구기관(IARC)에서 'Group 1'으로 분류한 발암물질로 폐암, 전립선암 등과 관련 있으며, 골다공증과도 높은 연관성이 있다. 인체에 흡수된 카드뮴은 주로 간과 신장에 축적되며, 특히 신장의 여과 기능을 손상시켜 여러 질병의 원인을 제공한다.

카드뮴은 식품을 통해 섭취하는 경우와 코로 흡입하는 경우가 있다. 대부분의 식물이나 해조류는 주변 토양이나 바닷물에서 카드뮴과 같은 중금속을 흡수하여 축적하며, 먹이사슬을 통해 다양한 식품에 카드뮴이 포함되게 된다. 비교적 함유량이 많은 식품은 어패류, 곡류, 해조류 등이며, 중요한 카드뮴 중독의 증상은 뼈가 약하고 부서지기 쉬운 이타이이타이병이다.

섭취 빈도를 고려한 한국인의 카드뮴 주요 섭취원은 백미, 김, 오징어 등이다. FAO/WHO 합동 식품첨가물 전문가위원회(JECFA)에서 정한 잠정주간섭취허용량(PTWI)은 7.0㎍/kg/week이며, 한국인의 평균 카드뮴 섭취량은 이 기준의 20% 이하인 것으로 파악되고 있어서 비교적 안전한 것으로 평가된다.

카드뮴의 흡수는 식품으로 섭취하는 것보다 흡입이 중요한 노출 원인이 된다. 카드뮴이 포함된 분진의 발생이 많은 산업현장에서 근무하는 작업자를 제외하면, 일반인의 경우 화석연료의 연소, 폐기물 소각 등으로 환경이 오염되어 흡입하게 되는 경우도 있으나, 주된 원인은 흡연이다.

작물인 담배도 토양에서 카드뮴을 흡수하여 잎에 축적하며, 담배를 피우면 담배 연기와 함께 흡연자의 몸에 흡수된다. 폐가 위보다 더 효율적으로 카드뮴을 흡수하기 때문에 담배에 포함된 소량의 카드뮴도 중독의 원인이 된다. 평균적으로 흡연자의 카드뮴 농도는 비흡연자보다 혈액에서 4~5배, 신장에서는 2~3배 더 높다.

카드뮴 노출의 초기에는 기침, 코와 목의 자극, 오한, 발열 및 근육통을 포함하여 독감과 유사한 증상이 나타나며, 심해지면 기관지염, 폐렴 및 폐부종을 일으키고, 합병증으로서 신장질환, 심혈관 질환, 동맥경화증, 고혈압, 관절염, 근육 약화 등이 나타난다.

● 비소(arsenic): 비소의 원소기호는 'As'이고, 원자번호는 '33'이며, 원자량

은 '74.92'이다. 원소의 이름은 노란색 광물인 웅황(雄黃, orpiment)을 뜻하는 그리스어 'arsenikon'에서 유래되었으며, 라틴어로는 'arsenicum'이 되었고, 프랑스 고어에서는 'arsenic'이 되었다. 영어 '아스닉(arsenic)'은 프랑스어에서 온 것이며, 원소기호인 'As'도 여기서 따왔다.

중국과 우리나라에서는 오래 전부터 한약재로서 삼산화비소(As_2O_3)인 비상(砒霜)을 사용하였으며, 비상은 비석(砒石), 비황(砒黃), 비(砒) 등으로도 불리었다. 일본에서는 비소를 '히(砒, ひ)'라고 하였으나, 메이지시대(明治時代: 1868~1912년) 이후에 '히소(砒素, ひそ)'라는 단어가 사용되기 시작하였으며, 이것이 우리말에서는 '비소(砒素)'가 되었다.

비소 및 비소화합물은 국제암연구기관(IARC)에서 'Group 1'으로 분류할 만큼 위험한 발암물질이다. 비소의 독성에 관한 기록은 기원전 16세기에 작성된 고대 이집트의 의학서인 『에베르스 파피루스(Ebers Papyrus)』에 나올 정도로 오래되었으며, 동양에서는 비상(砒霜)이 사약의 핵심 재료로 쓰였다.

비소는 중세와 르네상스 시대에 살인을 위해 선호되던 물질이었다. 비소중독은 당시에 유행하던 콜레라와 증세가 유사하였기 때문에 종종 독살의 증거가 발견되지 않았다. 참을성이 없는 상속인이 상속을 보장하거나 가속하기 위해 비소를 사용하기도 하여 '상속 가루(inheritance powder)'라는 별명을 얻기도 하였다.

비소화합물의 독성을 이용하여 과거부터 방부제, 살충제, 살서제(殺鼠劑) 등으로 사용하였다. 유기비소화합물인 살바르산(salvarsan)은 매독의 치료 약으로 사용되기도 하였다. 한방에서는 비상을 보통 약으로는 치료할 수 없는 중병 환자에게 투약하였다. 비상은 많은 양을 사용하면 독이 되지만, 극미량을 사용하면 약이 되기도 하였다.

비소화합물은 동서양을 불문하고 오랜 옛날부터 노란색을 내는 안료로 사용되었으며, 오늘날 비소는 주로 납과의 합금에 첨가제로 사용된다. 납에 비소를 소량 첨가하면 강도가 높아지기 때문에 자동차 배터리의 납 부품이나 납안티몬계의 베어링에 사용된다.

최근에 비소화합물이 크게 문제가 된 것은 1955년에 발생한 모리나가 유업(森永乳業, もりながにゅうぎょう)의 '비소분유 중독사건'이었다. 이 사건은 분유에 응고방지제로 첨가된 제2인산나트륨(Na₂HPO₄)에 불순물로 혼입된 비소에 의해 13,000명 이상의 유아가 식중독에 걸리고, 이 중에서 138명이 사망하여 큰 사회적 관심을 끌었었다.

비소는 물, 토양 및 공기 등 자연계에 널리 분포하며, 대부분의 식품에 미량의 비소가 함유되어 있다. 그중에서도 잎이 많은 채소, 쌀, 해조류에는 비교적 많이 들어있다. 특히 쌀은 토양에서 비소를 잘 흡수하여 축적하며, 주식으로 사용되기 때문에 무기비소의 주된 공급원이 된다.

그러나 식품으로 섭취한 비소 때문에 중독되는 일은 거의 없으며, 가장 일반적인 이유는 오염된 식수를 장기간 음용하는 경우이다. 식수를 통해 전 세계적으로 2억 명 이상의 사람들이 안전수준 이상의 비소에 노출되어 있다. 세계보건기구(WHO)에서 정한 식수의 비소 기준은 0.01㎎/L 이하이며, 우리나라의 먹는물 수질기준도 이를 따르고 있다.

순수한 비소는 독성이 없는 것으로 알려져 있으나, 반응성이 강하기 때문에 곧바로 다른 원소와 결합하여 비소화합물을 만들어 독성을 나타내게 된다. 독성을 보이는 것은 주로 무기비소(無機砒素)화합물이며, 유기비소(有機砒素)화합물은 비교적 안전한 것으로 알려져 있다.

생명체는 무기비소화합물을 유기비소화합물로 변화시키는 능력이 있다. 토양이나 바닷물에 존재하는 무기비소화합물은 생명체에 흡수된 후 먹이사슬을 통하여 상위포식자에게 이전되지만, 점차 유기비소화합물로 변하면서 해독된다. 사람의 경우 무기비소화합물의 생물학적 반감기는 약 4일이며, 독성은 흡수된 무기비소화합물의 양이 간의 해독 용량을 초과할 때 나타나게 된다.

생명체가 무기비소화합물을 유기비소화합물로 변화시킨다는 사실은 비소를 생명 활동에 이용할 수도 있다는 가능성을 보여준다. 쥐, 햄스터, 염소, 닭 등을 이용한 실험에서 미량의 비소는 필수미네랄임을 나타내고 있다. 유럽이나 미국에서는 성장을 촉진하고, 질병을 예방하기 위해 가금류와 돼지의 사료에 유기비소화합물을 첨가하기도 한다.

아직 사람의 경우에는 비소가 어떤 생화학적 영향을 주는지 밝혀내지 못하였으며, 필수적인 미량미네랄인지도 확인하지 못하였다. 그러나 셀레늄이 위험한 중금속으로 여겨지다가 현재는 필수미네랄로 평가받고 있는 것처럼 비소도 필수미네랄 후보 중 하나이다.

비소중독의 초기증상은 구토, 설사, 복통, 두통 등이며, 장기간 노출되면 피부가 두껍고 검게 변하고 손톱의 색소침착이나 탈모가 나타난다. 중독이 심해지면 피를 포함한 설사, 혈뇨(血尿), 토혈(吐血), 심한 경련, 정신착란, 뇌졸중, 신장장해, 심장질환 등을 비롯하여 각종 암이 발생하고, 최종적으로는 사망에 이르게 된다.

● 안티모니(antimony): 안티모니의 원소기호는 'Sb'이고, 원자번호는 '51'이며, 원자량은 '121.76'이다. 안티모니는 준금속(準金屬, metalloid)으로 은백

색의 금속광택이 나는 겉보기와 물리적 성질은 금속과 비슷하나, 화학적 성질은 비금속과 비슷하다.

안티모니는 자연 상태에서는 주로 화합물로 존재하며, 가장 흔하고 중요한 광석은 휘안석(輝安石, stibnite)이다. 휘안석은 기원전 3000년경 이전부터 이집트에서 의약품 및 눈 화장에 사용되었으며. 요즘은 자동차용 납축전지의 극판이나 섬유와 플라스틱 등이 불에 잘 타지 않도록 하는 난연제(難燃劑) 등에 사용된다.

안티모니의 원소기호(Sb)는 휘안석을 뜻하는 라틴어 '스티비움(stibium)'에서 따왔다. 안티모니의 어원은 확실하지 않다. 휘안석이 다른 광물과 함께 산출되는 경우가 많아 중세 라틴어에서 '반대(anti)'와 '고독(monos)'을 합한 '안티모늄(antimonium)'으로 불렸으며, 여기에서 'antimony'가 유래했다는 설이 가장 유력하다.

IUPAC의 공식 이름은 'antimony'이며, 'stibium'도 인정하고 있다. 우리나라의 경우 종전에는 독일어인 '안티몬(Antimon)'을 사용하였으나, 대한화학회에서 공식적으로 인정한 이름은 '안티모니'이다. 국립국어원에서는 안티몬과 안티모니를 모두 표준어로 인정하고 있다.

안티모니는 비소와 비슷한 중독 증상을 보이나, 비소보다는 독성이 훨씬 약하다. 이는 안티모니가 잘 흡수되지 않고 대부분 배출되기 때문으로 여겨진다. 안티모니 자체는 인간의 건강에 영향을 미치지 않으며, 삼산화안티모니와 주석산안티몬칼륨과 같은 특정 안티모니화합물은 독성이 있는 것으로 보인다.

쥐를 이용한 실험에서 삼산화안티모니(Sb_2O_3)의 흡입은 유해하고 암을 유발하는 것으로 의심되었다. 안티모니독성은 일반적으로 직업상 노출에 의한 흡입이나 우발적인 섭취 때문에 발생한다. 안티모니가 피부를 통해 신체에 들어갈 수 있는지는 불분명하다.

식품으로 섭취한 안티모니에 의해 독성이 나타나는 경우는 드물고, 안티모니가 함유된 음료수나 식수를 장기간 마실 경우 중독의 원인이 될 수 있다. 음료수병으로 주로 사용되는 페트(PET)의 원료 합성에 안티모니가 촉매로 사용되는데, 페트 병에 남아있던 안티모니가 음료수에 녹아 나올 수 있다. 세계보건기구(WHO)에서 정한 수돗물의 안티모니 허용상한치는 20㎍/L이다.

안티모니가 포함된 먼지를 들이마시는 경우가 특히 해롭다. 소량을 흡입하였을 때 두통, 어지럼증, 무기력증 등이 나타나며, 많은 양을 흡입하면 호흡기 자극, 폐렴, 심장 부정맥 등을 일으킬 수 있으며, 간이나 신장을 손상시킬 수도 있고, 때로는 피부에 반점이 나타날 수도 있다.

● 바륨(barium): 바륨의 원소기호는 'Ba'이고, 원자번호는 '56'이며, 원자량은 '137.33'이다. 바륨은 은백색의 무른 금속으로 마그네슘, 칼슘 등과 같이 원소주기율표에서 2족(2A족)에 속하며, 화학적 성질은 칼슘과 유사하나, 칼슘과는 달리 알려진 생물학적 기능이 없다.

바륨은 지각에서 14번째로 풍부한 원소이며, 반응성이 크기 때문에 천연 상태에서는 화합물로만 발견된다. 바륨의 주요 흡수 경로는 식품이나 마시는 물이며, 해조류나 생선류에는 상대적으로 많은 양의 바륨이 포함되어 있다. 그러나 식품이나 식수에서 발견되는 바륨의 양은 일반적으로 건강에 영향을 줄 정도로 많지 않다.

환경오염에 의해 바륨의 농도가 높아지면 인체에 영향을 미칠 수도 있기 때문에 관리하여야 할 중금속으로 분류된다. 바륨은 구리 제련, 석유나 가스를 탐사하기 위한 시추(試錐), 자동차부품 제조 등에 사용되며, 이때 발생된 폐기물 처리가 주요 오염 원인이 된다.

바륨은 발암성 물질로 분류되지 않으며, 수용성 바륨화합물은 독성을 나타내나 불용성 바륨화합물은 독성이 없다. 그러나 불용성 바륨화합물이 포함된 먼지를 장기간 흡입하면 폐에 축적되어 바륨진폐증(baritosis)이라고 불리는 질환을 유발할 수 있다. 바륨 먼지에 더 이상 노출되지 않으면 점차 정상으로 되돌아간다.

특수한 엑스레이(X-ray) 검사나 CT 촬영 때 마시는 하얀 액체인 조영제(造影劑)에는 불용성 바륨화합물인 황산바륨($BaSO_4$)이 사용된다. 황산바륨은 체내로 흡수되지 않고 그대로 배설되므로 인체에 해가 없다. 바륨은 대부분 황산바륨으로 사용되며, 다른 화합물이나 금속 형태로 사용되는 양은 많지 않다.

바륨의 독성은 바륨이온(Ba^{++}) 때문이며, 금속바륨은 물과 접촉하면 활발히 반응하여 수소(H_2)를 발생시키며 바륨이온으로 해리(解離)된다. 바륨에 직접 접촉하면 자극, 발적(發赤) 및 통증을 유발할 수 있다. 장기간 접촉 시에는 피부염을 유발하며, 결막염이 발생할 수도 있다.

질산바륨($Ba(NO_3)_2$), 수산화바륨($Ba(OH)_2$), 염화바륨($BaCl_2$), 황화바륨(BaS) 등의 수용성 바륨화합물은 물에 녹게 되면 바륨이온을 발생시킨다. 불용성인 탄산바륨($BaCO_3$)도 물에는 거의 녹지 않으나, 산에 의해 분해되므로 위에서 위산과 반응하여 바륨이온이 생성된다.

바륨이온도 낮은 농도에서는 근육자극제 역할을 하지만, 일정량 이상을 섭취하거나 흡입하면 독성을 나타낸다. 바륨 독성의 초기증상은 구토, 설사, 떨림, 기침, 발작, 무기력증, 근육 약화, 인후염 등이다. 바륨의 흡수량이 많아지면 주로 신경계에 영향을 주게 되며, 호흡기 계통이나 면역체계, 심장, 간, 신장 및 피부나 눈 등에도 손상을 입힐 수 있다.

신경계에 영향을 주는 이유는 바륨이온이 신경계의 적절한 기능에 매우 중요한 역할을 하는 칼륨이온(K^+)을 차단하기 때문이다. 이는 근육의 움직임에 이상을 가져와 수족 마비 및 불규칙한 심장박동을 유발하고, 호흡장애 및 실신으로 인하여 사망할 수도 있다.

● 비스무트(bismuth): 비스무트의 원소기호는 'Bi'이고, 원자번호는 '83'이며, 원자량은 '208.98'이다. 은백색 금속으로 오래전부터 알려져 있었으나, 납과 성질이 비슷하여 가끔 혼동되기도 하였다. 비스무트는 우리말로 '창연(蒼鉛)'이라 부르기도 하는데, 이는 '푸른 납'이란 뜻이다.

비스무트는 중금속이지만 독성이 거의 없어서 의약품과 안료 등에 사용되고, 납의 대체 금속으로도 많이 사용되었다. 그러나 최근의 보고서에 따르면 장기간 비스무트에 노출되면 중독이 발생하는 것으로 밝혀졌다. 비스무트중독이 잘 나타나지 않는 이유는 비스무트화합물이 물에 잘 녹지 않아 흡수되는 양이 적기 때문이다.

비스무트를 장기간 섭취하면 납과 마찬가지로 잇몸에 검은색 또는 청회색 침착을 형성하는 비스무트증(bismuthia)이 나타난다. 드물게는 파란색 또는 푸르스름한 회색으로 피부의 색이 변하기도 하고, 결막이나 구강 점막에 반점과 같은 푸른색이 나타날 수도 있다.

비스무트를 과다 섭취하면 치은염, 구내염, 피부염, 황달, 류머티즘성 통증 등이 발생할 수 있고, 간을 비롯하여 신장, 방광 등에 손상을 초래할 수 있다. 비스무트가 포함된 먼지를 지속해서 흡입하면 호흡기에 자극을 줄 수 있고 신경과민, 백혈구 증가, 골수 저하 등을 유발할 수 있다.

42
영양제

비타민이나 미네랄은 식품을 통해서도 섭취하지만, 영양제(營養劑)를 복용하는 사람도 상당히 많이 있다. 건강기능식품 중에서 비타민이나 미네랄을 포함한 영양제는 꾸준한 인기를 끌면서 잘 팔리고 있다. 그러나 건강을 위해 복용한 영양제가 오히려 해가 되는 때도 있으므로 주의하여야 한다.

가장 큰 문제점은 과학이 발달하고 비타민이나 미네랄에 관한 연구가 활발히 이루어지고 있으나 지금까지도 적절한 섭취량 및 과잉 섭취에 따른 부작용이 확실히 파악되지 않았다는 것이다. 지금도 새로운 사실이 계속 밝혀지고 있으며, 그에 따라 비타민이나 미네랄 섭취에 대한 기준도 계속 변하고 있다.

〈한국인 영양소 섭취기준〉이 보건복지부에 의해 발표되고 있기는 하나 이것은 고정된 것이 아니며, 계속 개정되고 있으므로 현재의 기준이 진리가 될 수는 없다. 또한 제시된 기준은 보편적이고 평균적인 사람에 대한 것이므로 소비자 개인에 맞춤형 기준이 아니라는 문제점이 있다.

제시된 기준은 참고자료일 뿐이다. 같은 영양소라 할지라도 연령과 성별에 따라 기준이 다르며, 같은 연령과 성별이라 하더라도 신장, 체중, 건강 정도 등에 따라 영양소 필요량이 달라질 수 있음을 고려해야 한다. 따라서 영양제를 복용하기에 앞서 자신의 영양 상태를 파악하고 부족한 영양소를 보충하는 것이 바람직하다.

각자의 영양 상태는 섭취하는 식품에 따라서 당연히 다를 수밖에 없다. 앞에서 각 비타민이나 미네랄이 많이 포함된 식품을 소개하였으나 일반인으로서는 각 식품에 포함된 영양소가 얼마인지는 알 수 없으며, 더구나 그것이 소화•흡수되어 우리 몸에서 이용되는 양이 얼마인지는 알 수 없다.

그리고 소개되지 않은 식품에도 상대적으로 적은 양이지만 영양소가 포함되어 있으므로 자신이 섭취하는 영양소의 양이 어느 정도인지는 알 수 없다. 각자의 기초 영양 상태가 다르고, 그 양이 어느 정도인지 알 수 없어서 영양제로 보충하여야 할 양도 파악할 수 없다.

자기 몸에 부족하거나 과잉의 영양소가 어떤 것인지도 모르고 무조건 영양제를 복용한다면 불필요한 경제적 손실이 발생하거나 부작용이 나타날 수도 있다. 특별한 경우를 제외하고 식품을 편식하지 않고 골고루 섭취한다면 비타민이나 미네랄이 부족하여 건강에 문제가 생기는 일은 드물다.

보건복지부에서 발표하는 〈한국인 영양소 섭취기준〉에는 최저

섭취량이 선정되어 있지 않다. 아직 비타민이나 미네랄의 결핍 증상이 나타나는 한계를 확실히 단정할 수 없기 때문이다. 보고된 결핍 증상은 인위적으로 특별히 조성한 조건에서 실험한 결과일 뿐이다. 또한 권장섭취량과 상한섭취량 사이의 간격이 매우 커서 특별한 경우가 아니면 상한섭취량은 의미가 없다.

보통 영양제라고 하면 비타민이나 미네랄을 연상하게 되지만 탄수화물, 단백질, 지질 등의 기본 영양소를 적절히 섭취하지 않으면 건강과 생명을 유지할 수 없음을 잊지 말아야 한다. 일부 잘못된 상식을 믿는 사람들은 기본 영양소들을 무시하고 비타민과 미네랄만이 진정한 영양소인 것처럼 생각하기도 한다. 그러나 각 영양소의 역할은 다르며 각각의 기능이 있는 것이다.

각각의 비타민과 미네랄은 때로는 상호 공조하여 인체 내의 생화학반응에 관여하기도 한다. 따라서 생화학반응이 원활히 진행되려면 각 영양소가 적절한 비율로 존재하여야 한다. 그런데 아직 어떤 혼합비율이 적절한지 과학적으로 규명되지 않은 상태이다. 여러 제조회사에서 복합영양제를 만들어 판매하고 있으나, 각 제조회사 임의로 비율을 결정하여 제조하고 있을 뿐이다.

소비자 중에는 미국이나 유럽에서 제조된 복합영양제를 더 신뢰하고, 고가임에도 불구하고 구매하여 복용하는 경우가 있다. 그러나 서양의 제조회사들은 서양인들을 대상으로 판매할 목적으로 서양인에게 적합한 비율로 복합영양제를 만들고 있다. 기본적으로 서양인의 식습관이나 영양 상태가 한국인과는 달라서 그들에 맞춘 복합영양제가 우리에게 적합하다고 할 수는 없다.

비타민영양제는 한 가지 성분으로 만든 단일비타민, 여러 가지 비타민을 섞어 만든 복합비타민제, 그리고 비타민에 미네랄 등 다른 성분이 첨가된 종합비타민제로 구분할 수도 있다. 일반적으로 단일비타민제 또는 복합비타민제는 종합비타민제보다 비타민 함량이 많이 포함되어 있다.

비타민은 우리 몸에 꼭 필요한 성분이기는 하나 과잉으로 섭취하면 독성을 나타내는 때도 있다. 일반적으로 지용성인 비타민A, 비타민D, 비타민E, 비타민K 등은 쉽게 배설되지 않고 체내에 축적되므로 독성이 나타나기 쉽고, 수용성인 비타민B, 비타민C 등은 체내에 남지 않고 배설되므로 독성이 잘 나타나지 않는다.

일반 식품으로 비타민이나 미네랄을 섭취할 경우에는 독성이 나타날 정도로 과잉으로 먹을 수 없어서 안전하지만, 영양제를 필요량 이상으로 장기간 복용하면 독성이 나타날 수도 있다. 영양제를 복용할 때는 해당 제품의 복용설명서 또는 의사의 처방에 따라서 먹어야 한다.

비타민의 화학구조가 밝혀짐에 따라 인공적으로 합성하는 것이 가능해졌으며, 시중에서 판매되고 있는 비타민 영양제는 대부분 합성된 것이고 천연 비타민은 거의 없다. 일반적으로 합성 비타민은 천연 비타민보다 제조하기가 쉽고 가격이 저렴한 것이 특징이다.

일부 업체에서는 합성 비타민보다 천연 비타민이 더 효과가 좋으며 안전하다고 강조하며 자사의 제품을 선전하고 있으나 별로 믿을 것은 못 된다. 우선 합성 비타민이 좋은가 천연 비타민이 좋은가를 따지기 전에 100% 천연 비타민 영양제는 있을 수 없다는 것이 현실이다.

천연 비타민이라고 하는 제품의 제조 방법은 크게 세 가지로 구분할 수 있다. 첫째, 천연 원료에서 비타민이 포함된 성분을 추출하여 농축하는 것이다. 둘째, 천연 원료에서 비타민이 포함된 성분을 추출한 후 비타민 함량과 흡수율을 높이기 위해 이를 화학적으로 처리하는 것이다. 셋째, 합성 비타민에 천연 추출물이나 분말 등을 첨가하는 것이다.

둘째와 셋째 방법은 이미 천연이라고 부를 수 없는 제품이고, 식품위생법의 표기 기준에 따르면 제품 포장재에 '천연'이란 표현을 사용할 수 없다. 따라서 업체들은 천연 비타민이란 용어 대신에 '천연 원료 비타민' 등과 같이 주원료가 천연임을 강조하고 있을 뿐이다.

첫째 방법은 천연 비타민이라고 할 수 있으나, 100% 비타민만 있는 것이 아니라 원료가 된 식품에 들어 있던 성분이 함께 포함되어 있으며, 비타민의 함량이 합성 비타민에 비해 매우 적다. 그리고 원료가 된 식품의 양에 비하여 얻을 수 있는 비타민의 양이 매우 적기 때문에 가격이 매우 비싸질 수밖에 없으며, 합성 비타민과 같은 효과를 얻기 위해서는 상당히 많은 양을 복용하여야 한다는 단점이 있다.

학계와 의료계의 일반적인 견해는 천연 원료 비타민과 합성 비타민은 제조 방법이 다를 뿐 같은 화학구조를 가진 같은 물질이기 때문에 그 효능은 함량이 같을 때 차이가 없는 것으로 보고 있다. 따라서 굳이 비싼 돈을 들여서 천연 원료 비타민을 구입할 필요는 없다고 하겠다.

일반인들이 합성 비타민에 거부감을 느끼는 것은 '합성'이란 단어가 주는 불안감 때문이라 하겠다. 합성 비타민이나 천연 원료 비타민의 경우 제조 중에 화학적 처리 공정이 있으나, 요즘은 정제 기술이 발달하여 불순물이 거의 혼입되어 있지 않다. 그래도 불안하다면 천연의 식품을 통하여도 비타민을 충분히 섭취할 수 있으므로 음식으로 해결하는 것이 가장 바람직하다.

지구상에 존재하는 다른 모든 생명체와 마찬가지로 인류는 생존에 적합하게 진화했다. 비타민과 미네랄이 있다는 것은 따로 인체 내에서 합성하지 않아도 자연에서 충분히 공급이 가능하다는 의미이다. 과거의 비타민이나 미네랄의 결핍은 음식물의 섭취가 부족하여 발생한 영양실조와 동반된 것이며, 오늘날에는 비타민이나 미네랄의 결핍에 의한 증상으로 병원에 입원한 환자의 사례를 찾기 어렵다.

현재 한국인의 음식물 섭취 상황은 임신 등 특수한 경우를 제외하면 대부분 영양제를 먹지 않아도 비타민이나 미네랄 때문에 건강에 문제가 생기는 일은 별로 없고, 영양제를 먹어도 크게 해가 되지 않는 수준이다.

영양제를 먹게 되는 것은 제조회사의 광고 및 매스컴의 영향이 크며, 일반적으로 영양제를 먹어서 얻을 수 있는 이득은 "건강해질 수 있다"는 마음의 위안 정도라고 할 수 있다.